村镇供水行业专业技术人员技能培训丛书

供水水质检测3
水质分析技术

夏宏生 主编

中国水利水电出版社
www.waterpub.com.cn

内 容 提 要

本书是村镇供水行业专业技术人员技能培训丛书的第一系列的第三分册，介绍了供水水质检测中的水质分析技术。全书共分 4 章，包括：水质分析基本知识、滴定分析法、比色分析法和分光光度法、其他分析方法。

本书内容既简洁又不失完整性，通俗易懂，深入浅出，非常适合村镇供水从业人员阅读学习。本书可作为职业资格考核鉴定的培训学习用书，也可作为村镇供水从业人员岗位学习的参考书。

图书在版编目（ＣＩＰ）数据

供水水质检测. 3, 水质分析技术 / 夏宏生主编. --
北京：中国水利水电出版社，2014.10
　　（村镇供水行业专业技术人员技能培训丛书）
　　ISBN 978-7-5170-2645-7

　　Ⅰ. ①供… Ⅱ. ①夏… Ⅲ. ①给水处理－水质监测－水质分析 Ⅳ. ①TU991.21

中国版本图书馆CIP数据核字(2014)第249320号

书　　名	村镇供水行业专业技术人员技能培训丛书 **供水水质检测 3 水质分析技术**
作　　者	主编 夏宏生
出版发行	中国水利水电出版社 （北京市海淀区玉渊潭南路 1 号 D 座　100038） 网址：www.waterpub.com.cn E-mail：sales@waterpub.com.cn 电话：（010）68367658（发行部）
经　　售	北京科水图书销售中心（零售） 电话：（010）88383994、63202643、68545874 全国各地新华书店和相关出版物销售网点
排　　版	中国水利水电出版社微机排版中心
印　　刷	北京嘉恒彩色印刷有限责任公司
规　　格	140mm×203mm　32 开本　3.5 印张　94 千字
版　　次	2014 年 10 月第 1 版　2014 年 10 月第 1 次印刷
印　　数	0001—3000 册
定　　价	**15.00 元**

凡购买我社图书，如有缺页、倒页、脱页的，本社发行部负责调换

《村镇供水行业专业技术人员技能培训丛书》
编写委员会

序

近年来，各级政府和行业主管部门投入了大量人力、物力和财力建设农村饮水安全工程，而提高农村供水从业人员的专业技术和管理水平，是使上述工程发挥投资效益、可持续发展的关键措施。目前，各地乃至全国都在开展相关的培训工作，旨在以此方式提高基层供水单位的运行及管理的专业化水平。

与城市集中式供水相比，农村集中式供水是一项新型的、方兴未艾的事业，急需大量的、各层次的懂技术、会管理的专业人才，而基层人员又是重要的基础和保证。本丛书的编者们结合工程实践、提炼技术关键、总结管理经验，认真分析基层供水行业技术和管理人员的基础知识和认知能力，依据农村供水行业各工种岗位应知应会的要求，编写了这套由浅入深、图文并茂、通俗易懂、操作指导性强的系列丛书，以方便农村供水从业人员在日常工作中学习、查阅和操作。该丛书按照工种岗位职业资格标准编写，体现出了职业性、实用性、通俗性和前瞻性，可作为相关部门和企业定岗考核的重要参考依据，也可供各地行业主管部门作为培训的参考资料。

本丛书的出版是对我国现有农村供水行业读物的

一个新的补充和有益尝试，我从事农村饮水安全事业多年，能看到这样的读物出版，甚为欣慰，故以此为序。

2013 年 5 月

前　言

　　我国村镇集中式供水与城市供水相比是一项新兴的事业，开展村镇供水行业技术人员的培训是提高村镇供水从业人员技术和管理能力，推进在村镇供水行业中有步骤开展职业资格证制度的一项重要基础性工作。在总结广东省村镇供水行业技术人员培训工作和对现有村镇供水培训教材调研的基础上，编写一套针对性强，方便学习、查阅和指导日常操作的培训丛书是十分必要和迫切的。在广东省水利厅的大力支持下，组织有关专家编写了本套《村镇供水行业专业技术人员技能培训丛书》，以满足村镇供水从业人员技能培训和职业技能鉴定的需要。丛书以工种岗位职业资格标准为大纲，体现职业性、实用性、通俗性和前瞻性。

　　本丛书共包括《供水水质检测》、《供水水质净化》、《供水管道工》、《供水机电运行与维护》、《供水站综合管理员》等5个系列，每个系列又包括1～3本分册。丛书内容简明扼要、深入浅出、图文并茂、通俗易懂，具有易读、易记和易查的特点，非常适合村镇供水行业从业人员阅读和学习。丛书可作为培训考证的学习用书，也可作为从业人员岗位学习的参考书。

　　本丛书的出版是对现有村镇供水行业培训教材的一

个新的补充和尝试，如能得到广大读者的喜爱和同行的认可，将使我们倍感欣慰、备受鼓舞。

村镇供水从其管理和运行模式的角度来看是供水行业的一种新类型，因此编写本套丛书是一种尝试和挑战。在编写过程中，在邀请供水行业专家参与编写的基础上，还特别邀请了村镇供水的技术负责人与技术骨干担任丛书评审人员。由于对村镇供水行业从业人员认知能力的把握还需要不断提高，书中难免还有很多不足之处，恳请同行和读者提出宝贵意见，使培训丛书在使用中不断提高和日臻完善。

丛书编委会

2013 年 5 月

目　录

第1章　水质分析基本知识

1.1　水质分析的基本方法

水质分析的基本方法有以下两大类。

（1）化学分析法。化学分析法是以化学反应为基础的分析方法，主要有重量分析法、滴定分析法。

重量分析法是将水中分析组分与其中的其他组分分离后，转化为一定的可称量形式，然后用称重方法计算该组分在水样中的含量的方法。重量分析法按分离方法的不同又分为气化法、沉淀法、电解法和萃取法等。

滴定分析法是将一种已知浓度的试剂（标准溶液）滴加到被测水样中，根据反应完全时所用试剂的体积和浓度，计算被测物质的含量的方法。根据化学反应的类型不同，滴定分析法又分为酸碱滴定法（中和法）、配位滴定法（络合滴定法）、沉淀滴定法（沉淀容量法）和氧化还原滴定法。

（2）仪器分析法。仪器分析法是以被测物质的某种物理性质或化学性质为基础对水样中化学成分和含量进行测定的方法。如光学分析法、电化学分析法、色谱分析法、质谱分析法和放射化学分析法等。

分析方法的选择需要考虑许多因素。首先，必须与待测组分的含量范围一致；其次，取决于方法的准确度和精密度；最后，仪器设备是否齐全以及分析速度、费用和难易程度等也必须考虑。

1.2　水质分析常用名词、术语及计量单位

1. 水质分析常用名词及术语

（1）各项测定结果，除了色度、浑浊度、臭和味、肉眼可见

物、pH 值、细菌总数及总大肠菌群、放射性物质等项目各有其特定表示单位或用文字描述外，其他各项的浓度测定结果可以用 mg/L、μg/L、ng/L 表示，即分别表示每升水样中含有若干毫克、微克或纳克该种物质。

（2）恒重。除溶解性固体外，系指连续两次干燥后的重量差异在 0.2mg 以下。

（3）准确称取。指用分析天平称重准确到 0.0001g。例如，准确称取 0.2g 草酸钠，是表明称取的 0.2g 要准确到 0.0001g。

（4）量取。指用量筒取水样或试液。

（5）吸取。指用无分度吸管（移液管）或刻度吸管（吸量管）吸取。取水样的体积：50ml 以下时，用分度吸管吸取；大于 50ml 时，可用量筒量取。

（6）最低检测量。指除零管外的第一个标准管所含该被测物的量。

（7）最低检测浓度。系指最低检测量所对应的浓度。

（8）参比溶液。本标准方法所列项目，除另有规定外，均以溶剂空白（纯水或有机溶剂）作参比。

（9）空白试验（空白测定）。指除用纯水代替样品外，其他所加试剂和操作步骤均与样品测定完全相同的操作过程，空白实验应与样品测定同时进行。

（10）空白试验值。样品的分析响应值（如吸光度、峰高等）通常不仅指样品中待测物质的分析响应值，还包括所有其他因素（如试剂中的杂质、环境及操作过程中的沾污等）的分析响应值。由于影响空白值的因素的大小经常变化，为了了解这些因素对样品测定的综合影响，在每次进行样品分析的同时，均应做空白试验。由空白试验所得的响应值称为空白试验值。

2. 法定计量单位

（1）中华人民共和国法定计量单位。

我国计量单位从 1991 年起一律采用《中华人民共和国法定计量单位》。法定计量单位包括以下几种。

1）国际单位制（SI）的基本单位。

2）国际单位制的辅助单位。

3）国际单位制中具有专门名称的导出单位。

4）国家选定的非国际单位制单位。

5）由以上单位构成的组合形式单位。

6）由词头和以上单位所构成十进制倍数和分数单位。

（2）与水质分析有关的法定单位。

1）SI 基本单位。国际单位制共有 7 个基本单位，见表 1.2.1。

表 1.2.1 SI 基本单位

量的名称	量的符号 （采用斜体）	单位名称	单位符号 （采用正体）
长度	l（L）	米	m
质量	m	千克（公斤）	kg
时间	t	秒	s
电流	I	安［培］	A
热力学温度	T	开［尔文］	K
物质的量	n	摩［尔］	mol
发光强度	I（IV）	坎［德拉］	cd

2）水质分析常用法定计量单位除基本单位外，水质分析常用的法定计量单位见表 1.2.2。

表 1.2.2 常用法定计量单位

量的名称	量的符号 （采用斜体）	单位名称	单位符号 （采用正体）	说　明
摩尔质量	M	千克每摩［尔］	kg/mol	质量除以物质的量，$M = m/n$（g/mol）
物质 B 的浓度，物质 B 的物质的量的浓度	c_B	摩［尔］每立方米	mol/m³	物质 B 的物质的量除以混合物的体积

量的名称	量的符号 （采用斜体）	单位名称	单位符号 （采用正体）	说　明
密度 （质量密度）	ρ	千克每 立方米	kg/m³	质量除以体积 （g/ml，g/L）
面积	A，(S)	平方米	m²	
体积	V	立方米	m³	
频率	f (v)	赫［兹］	Hz	$f=1/T$，$1H_2=1s^{-1}$
转速 （旋转频率）	n	每秒	s⁻¹	"转每分"（r/min）
电压	U	伏［特］	V	
电阻	R	欧［姆］	Ω	电阻率＝Ω·m
电导	G	西［门子］	S	电导率＝S/m
压力，压强	p	帕［斯卡］	Pa	

3）注意事项。

a. 根据规定，一个物理量只能有一个单位名称，它的倍数或分数单位，应是这个单位加词头构成，而不应另有名称。因此，米不能称为公尺，厘米不能再称为公分，只有千米又称公里、千克又称公斤这两个例外。

b. 单位符号用正体字，除人名第一个字母要大写外，一律用小写；词头除 10^6 及以上的符号用大写外，一律用小写。因此，kg 不能写成 Kg（或 KG），km 不能写成 Km（或 KM）。

c. 根据规定，不能用词头代表单位，并且不得使用重叠的词头。因此，不能用 μ 代表微米（μm），也不能用 mμ 代表毫微米，而应当用 nm 代表毫微米（即 mμm）。Å（埃）是长度单位，以往常用来表示红外光谱区波长，但 Å 不是国际单位制的单位，也不属于我国法定计量单位，应予废除。它与法定计量单位的关系是 $1Å=0.1nm=10^{-10}$ m。但目前一些文献中仍采用Å。

d. 体积或容积应废除立升、立方厘米、cc等名称。注意：我国规定单独使用时用大写L，凡与词头组合时用小写l，如ml、μl。

e. 物质的量的名称应废除的有兑分子数、克原子数、克离子数、克当量数等，也不能用摩尔数。

f. 物质的量浓度可简称为浓度，其常用的法定计量单位名称和符号有摩（尔）每升（mol/L 或 mol·L^{-1}）、毫摩（尔）每升（mmol/L）等。应废除的有克分子浓度等。

1.3 水质分析结果的误差分析及数据处理

1. 误差的概念

水质监测需要借助于各种测量方法去完成。由于被测量的数值形式通常不能以有限位数表示，又由于认识能力的不足和科学技术水平的限制，测量值与它的真值并不完全一致，这种矛盾在数值上的表现即为误差。任何测量结果都具有误差，误差存在于一切测量的全过程中。所谓真值是指在某一时刻和某一位置或状态下，某量的效应体现出的客观值或实际值。

2. 误差的成因

误差按其性质和产生的原因，可以分为系统误差、随机误差和过失误差。

（1）系统误差。系统误差又称可测误差、恒定误差或偏倚误差，指测量值的总体均值与真值之间的差别，是由测量过程中某些恒定因素造成的。

在一定的测量条件下系统误差会重复地表现出来，即误差的大小和方向在多次重复测量中几乎相同。因此，增加测量次数不能减少系统误差。

（2）随机误差。随机误差又称偶然误差或不可测误差，是由测量过程中各种随机因素的共同作用造成的。

随机误差是由能够影响测量结果的许多不可控或未加控制

的因素的微小波动引起的，如测量过程中环境温度的波动、电源电压的小幅度起伏、仪器的噪声以及分析人员判断能力和操作技术的微小差异及前后不一致等。因此，随机误差可以看作是大量随机因素造成的误差的叠加。

（3）过失误差。过失误差又称粗差。这类误差明显地歪曲测量的结果，是由测量过程中犯了不应有的错误造成的，如器皿不清洁、加错试剂、错用样品、操作过程中试样大量损失、仪器出现异常而未被发现、读数错误、记录错误及计算错误等。过失误差无一定规律可循。

3. 减少误差的办法

（1）减少系统误差。

1）进行仪器扫描。测量前预先对仪器进行校准，并将校正值应用到测量结果的修正中去。

2）进行空白试验。用空白试验结果修正测量结果，以消除由于试剂不纯等原因造成的误差。

3）进行对照分析。一种是采用标准物质与实际样品在同样条件下测定，当标准物质的测定值在其允许误差范围内时，可认为该方法的系统误差已消除；另一种是采用不同的分析方法，以校正现在所使用分析方法的误差。

4）进行回收试验。用人工合成的方法制得与实际样品组成类似的物质，或在实际样品中加入已知量的标准物质，在相同条件下进行测量，观察所得结果能否定量回收，并以回收率作为校正因子。

（2）减少随机误差。减少随机误差必须严格控制试验条件，按照分析操作规程正确进行各项操作。此外，还可以利用随机误差的抵偿性，用增加测量次数的办法减少随机误差。

（3）消除过失误差。过失误差的消除关键在于分析人员必须养成专心、认真、细致的良好工作习惯，不断提高理论和操作技术水平。含有过失误差的测量数据经常表现为离群数据，可以用离群数据的统计检验方法将其剔除。

4. 误差的表示方法

（1）绝对误差与相对误差。绝对误差是指测量值（单一测量值或多次测量的均值）与真值之差，即

$$绝对误差(E) = \mu - \tau$$

式中　μ——测定值；

τ——真值。

当测量结果大于真值时，误差为正，反之为负。

相对误差是指绝对误差与真值之比（常以百分数表示），即

$$相对误差(\%) = \frac{\mu - \tau}{\tau} \times 100\%$$

（2）绝对偏差与相对偏差。绝对偏差即某一测量值 x_i 与多次测量均值 $\bar{x}$ 之差，以 d_i 表示：

$$d_i = x_i - \bar{x}$$

相对偏差为绝对偏差与均值之比（常用百分数表示），以 d 表示：

$$d(\%) = \frac{d_i}{\bar{x}} \times 100\%$$

（3）平均偏差与相对平均偏差。平均偏差为绝对偏差的绝对值之和的平均值，以 $\bar{d}$ 表示：

$$\bar{d} = \frac{1}{n}\sum_{i=1}^{n}|d_i| = \frac{1}{n}(|d_1| + |d_2| + \cdots |d_n|)$$

相对平均偏差为平均偏差与测量均值之比（常用百分数表示）：

$$相对平均偏差 = \frac{\bar{d}}{\bar{x}} \times 100\%$$

（4）极差。

极差为一组测量值中最大值与最小值之差，表示误差的范围，以 R 表示：

$$R = x_{\max} - x_{\min}$$

式中　$x_{\max}$——测量值 x_1，x_2，$\cdots$，r_m 中最大值；

$x_{\min}$——测量值 x_1，x_2，$\cdots$，x_m 中最小值。

（5）误差计算实例。

【例 1.3.1】　某标准水样中氯化物含量为 110mg/L，以硝酸银滴定法测定 5 次。其结果分别为 112mg/L、115 mg/L、114 mg/L、115 mg/L、113mg/L。①计算其均值，求其中测定值 112mg/L 的绝对误差、相对误差、绝对偏差和相对偏差；②计算平均偏差、相对平均偏差和极差。

解 1：平均值：$\bar{x} = \dfrac{1}{n}\sum\limits_{i=1}^{n} x_i$

$\qquad\qquad = \dfrac{1}{5}(112 + 115 + 114 + 115 + 113)$

$\qquad\qquad = 113.8(\text{mg/L})$

绝对误差：$112 - 110 = 2(\text{mg/L})$

相对误差：$\dfrac{2}{110} \times 100\% = 2\%$

绝对偏差：$d_i = x_i - \bar{x} = 112 - 113.8 = -1.8(\text{mg/L})$

相对偏差：$d(\%) = \dfrac{-1.8}{113.8} \times 100\% = -1.6\%$

解 2：平均偏差：$\bar{d} = \dfrac{1}{n}\sum\limits_{i=1}^{n} |d_i|$

$\qquad\qquad = \dfrac{1}{5}(|112 - 113.8| + |115 - 113.8| +$

$\qquad\qquad \cdots + |113 - 113.8|)$

$\qquad\qquad = \dfrac{1}{5}(1.8 + 1.2 + 0.2 + 1.2 + 0.8)$

$\qquad\qquad = 1.04(\text{mg/L})$

相对平均偏差：$\dfrac{1.04}{113.8} \times 100\% = 0.91\%$

极差：$x_{\max} - x_{\min} = 115 - 112 = 3(\text{mg/L})$

5．数据处理

（1）有效数字。

1）有效数字的修约规则。在记录和整理分析结果时，为避免报告结果混乱，要确定采用几位"有效数字"。报告中的各位数字，除末位外，均为准确测出，仅末位是可疑数字。可疑数字以后是无意义数。报告结果时只能报告到可疑的那位数，不能列入无意义数。报告的位数，只能在方法的灵敏限度以内，不应任意增加位数。例如 75.6mg/L，表示化验人员对 75 是肯定的，0.6 是不确定的，可能是 0.5 或 0.7。

当可疑数以后的数字为 1、2、3、4 者舍去，为 6、7、8、9者进入，若为 5 时又需根据 5 右边的数字而定。若 5 右边的数字全部为零，舍或入需根据 5 之左的数字为奇数或偶数而定。5 之左为奇数时进 1，5 之左为偶数时则舍去；若 5 右边的数字并非全部为零，则不论 5 左边的数字为奇数或偶数，一律进入。例如某数为 14.65，应报告为 14.6。又如 0.35 可修约为 0.4，1.0501 可修约为 1.1。

"0" 可以是有效数字，也可以不是有效数字，仅仅表示位数。如 104、40.08、1.2010，所有的 0 均为有效数字；而 0.6050g，小数点前面的 0 则不是有效数字，只起到定位作用。

0 为有效数字时不可略去不写，如滴定管读数为 23.60ml时，即应记录为 23.60ml，而不得记录为 23.6ml。如用量筒取 25ml 水样，就只能写成 25ml，而不能写成 25.0ml。

在说明标准溶液浓度时，常写作 1.00ml 含 0.500mg 某离子，该数字表示体积准确到 0.1ml，重量准确到 0.01mg；然而 1ml 含 0.500mg 某离子，则只是一种粗略的含量表示。

2）近似计算规则。当几个相加或相减时，小数点后数字的保留位数，应以各数中小数点后位数最少者为准。例如，2.03＋1.1＋1.034 的答数不应多于小数点位数最少的 1.1，所以答数是 4.2 而不是 4.164。当几个数值相乘除时，应以有效数字位数最少的那个数值，即相对误差最大的数据为准，弃去其余各数值中的过多位数，然后进行乘除。有时也可以暂时多保留一位数，得到最后结果后，再弃去多余的数字。例如，将 0.0121、25.64、1.05782 三个数值相乘，因第一数值 0.0121 仅有三位有效数字，故应以此数为准，确定其余两个数值的位数，然后相乘，即

$0.0121 \times 25.6 \times 1.06 = 0.328$，不应写成 0.328182308。当进行乘方或开方时，原近似值有几位有效数字，计算结果就可以保留几位有效数字。例如，$6.54^2 = 42.7716$，其结果保留三位有效数字则为 42.8；又如，$\sqrt{7.39} \cong 2.71845544\cdots$其结果保留三位有效数字则为 2.72。

（2）离群数据与可疑数据的取舍。

1）离群数据与可疑数据的概念。明显歪曲试验结果的测量数据，即与正常数据不是来自同一分布总体的数据，称为离群数据。可能会歪曲实验结果，但尚未经过检验判定其是离群数据的测量数据则称为可疑数据。

2）离群数据的产生。一组正常数据应来自具有一定分布的总体。一旦试验条件发生了变化，或在实验中出现了过失误差，那么由此产生的测量数据就脱离了正常数据的分布群体，即会出现离散度较大的离群数据。

3）离群数据的剔除。剔除了离群数据，可使测量结果更符合客观实际。然而，正常数据也具有一定的离散性，如果为了能够得到精密度好的结果而人为地删去一些误差较大但并非离群的测量数据，而由此得到的精密度很高的测量结果并不符合客观实际。因此，可疑数据的取舍必须遵循一定的原则。试验中一经发现明显的系统误差和过失误差，就应随时剔除由此而产生的数据。但有时即使试验做完仍不能确知哪些数据是离群的。这时，对这些可疑数据的取舍应采取统计方法判别，即离群数据的统计检验。

4）离群数据统计检验的判别准则。

a. 若计算的统计量不大于显著水平 $\alpha = 0.05$ 时的临界值，则可疑数据为正常数据。

b. 若统计量大于 $\alpha = 0.05$ 时的临界值且同时不大于 $\alpha = 0.01$ 时的临界值，则可疑数据为偏离数据。

c. 统计量大于 $\alpha = 0.01$ 时的临界值，则可疑数据为离群数据，应予剔除。

d. 对偏离数据的处理要慎重，只有能找到原因的偏离数据才可做为离群数据来处理，否则应按正常数据处理。

　　e. 一组数据中剔除了离群值以后，应对剔除后剩余的数据继续检验，直至其中不再有离群数据。

1.4　水质分析实验的质量控制

1. 什么是质量控制

　　实验室质量控制包括实验室内质量控制和实验室间质量控制，其目的是把监测分析误差控制在容许范围内，保证测量结果有一定的精密度和准确度，使分析数据在给定的置信水平内，有把握达到所要求的质量。

　　(1) 实验室内质量控制。又称内部质量控制，是指实验室分析人员对分析质量进行自我控制的过程。例如，依靠自己配制的质量控制样品，通过分析并应用某种质量控制图或其他方法来控制分析质量。它主要反映的是分析质量的稳定性如何，以便及时发现某些偶然的异常现象，随时采取相应的校正措施。

　　(2) 实验室间质量控制。又称外部质量控制，是指由外部的第三者如上级监测机构，对实验室及其分析人员的分析质量，定期或不定期实行考查的过程。它一般是采用密码标准样品来进行考查，以确定实验室报出可接受的分析结果的能力，并协助判断是否存在系统误差和检查实验室间数据的可比性。

2. 实验室内质量控制

　　(1) 空白试验值的测定。在环境监测常需采用的痕量分析中，由于样品测定值很小，常与空白试验值处于同一数量级，空白试验值的大小及其分散程度，对分析结果的精密度和分析方法的检测限都有很大影响。而且，空白试验值的大小及其重复性如何，在相当大的程度上、较全面地反映了一个环境监测实验室及其分析人员的水平。例如，试验用水和化学试剂的纯度、玻璃容器的洁净度、分析仪器的精度和使用情况、实验室内的环境污染状况以及分析人员的水平和经验等，都会影响空白试验值。

　　1) 测定方法。每天测定两个空白试验平行样，公测 5 天，根据所选用公式计算标准偏差或批内标准偏差。

2）合格要求。根据空白试验值的测定结果，按常用的规定方法计算检测限，该值如高于标准分析方法中的规定值，则应找出原因予以纠正，然后重新测定，直至合格为止。

（2）检测限的确定。一般容量分析的检测限应根据标准检验方法给定的检测限确定。

分光光度法：以扣除空白值后的吸光度为 0.01 时相对应的浓度值为检测限。

仪器分析：在仪器分析中检测限的确定应根据不同仪器的要求而定，即使同种仪器也受不同型号影响，而同型号的仪器仍受仪器自身信噪比的影响。因此，对于仪器分析通常认为恰能辨别的响应信号最小应为噪声的 2~3 倍。

（3）校准曲线的绘制。每种应用校正曲线法的分析方法，在初次使用时可通过绘制校准曲线确定它的检测上限，并结合检测下限确定其检测范围，即线性范围。

（4）校准曲线的相关系数。绘制校准曲线所依据的两个变量的线性关系，决定着校准曲线的质量和样品测定结果的准确度。

成熟的分析方法和熟练的分析人员，如果能够细心操作，使一条校准曲线的相关系数绝对值 $|r| \geq 0.999$ 是不难做到的。对 $r \geq 0.999$ 且截距趋于零（回归所得截距常为无效数字）的校准曲线，常无必要进行回归处理。

对于线性关系不好的一系列浓度——信号值，在没有消除其可以纠正的影响因素前，不要采取回归的办法来绘制校准曲线，以免引入较大的系统误差。

如采取了各种相应的措施后，其相关系数仍达不到要求，则存在误差。例如，分析仪器的性能不好、环境条件变化等。此时，可采用最小二乘法计算直线回归方程，再绘制出一条校准曲线。

3. 精密度和回收率控制

（1）精密度。精密度是指在一定条件下对同一被测物多次测定的结果与平均值偏离的程度，它反映了随机误差的大小，常用标准差（S）来表示：

$$S = \sqrt{\frac{\sum_{i=1}^{n}(x_i - \bar{x})^2}{n-1}}$$

$$S = \sqrt{\frac{\sum x_i^2 - \frac{(\sum x_i)^2}{n}}{n-1}}$$

式中 $\bar{x}$ —— n 次重复测定结果的算术平均值；

n —— 重复测定次数；

x_i —— n 次测定中第 i 个测定值。

标准差与被测物的浓度有关，因此，又常用相对标准差（C_V）表示：

$$C_V(\%) = \frac{S}{\bar{x}} \times 100\%$$

实验室分析方法精密度的合理估计应包括批内批间两部分，因此，应收集不同批的重复测定结果以估计总标准差，并作为常规分析数据质量控制的依据。

（2）准确度。准确度是指测定值与真实值之间差异的程度，用误差或相对误差表示。

合理的表示准确度应该是测定值 u 与真值 t 之间的差异。同一个样品无限次测定的均值将接近于确切的测定值 u，实际工作中只能有限测定次数的均值 $\bar{x}$ 来估计测定值 μ，所以反映准确度的误差是总误差，即主要由系统误差和随即误差决定。因此，改善分析的精密度和尽可能消除分析过程中的系统误差，是提高分析数据可靠性的重要措施。

由于真值难以得到，实际工作中常用测定标准样品来评价一个分析方法的准确度，即以标准样品的名义值来代替真值，求得分析结果的误差。为准确地反映分析结果的误差，标准样品的组分应尽可能与测定的样品近似。常规工作中一个非常有用的试验是分析"加标样品"，根据期望回收值计算回收率，以发现分析系统中影响灵敏度的干扰因素。因此，回收率试验可用来反映分析结果准确度的优劣。

第2章 滴定分析法

滴定分析法，是指把试样制成溶液，滴加已知浓度的标准溶液，直到应终了为止，根据所用标准溶液的体积，计算被测成分的含量的方法。滴定分析法包括酸碱滴定法、沉淀滴定法、氧化还原滴定法和配位滴定法。

2.1 滴定分析法基本知识

1. 概述

滴定分析法是将标准滴定溶液（滴定剂）滴加到被测物质的溶液中，直到物质间的反应达到化学计量点时，根据所用标准溶液的浓度和消耗的体积，计算被测组分含量的方法。

滴定的关键是能否准确地指示化学反应计量点的到达。为此，加入指示剂，利用指示剂的颜色变化指示化学反应计量点的到达。

我们把上述用滴定管滴加已知准确浓度的标准溶液的操作称为滴定；物质间达到化学反应平衡时的等量点称为化学计量点；指示剂颜色改变的转折点称为滴定终点；滴定终点和化学计量点可能一致，也可能不一致，两者的差值称为滴定误差。

滴定分析法是以化学反应为基础的分析方法。化学反应很多，但是适用于滴定分析法的化学反应必须具备下列条件。

（1）反应定量地完成，即反应按一定的反应式进行，无副反应发生，而且反应进行完全，这是定量计算的基础。

（2）反应能迅速地完成，对于速度慢的反应，应采取适当措施提高其反应速度。

（3）有适当的方法确定滴定终点。

滴定分析法是化学分析中重要的一类分析方法，按其利用化学反应的不同，滴定分析法又可分为 4 种类型：酸碱滴定法、沉淀滴定法、配位滴定法（络合滴定法）和氧化还原滴定法。根据滴定方式的不同，滴定分析法还可以分为直接滴定法、返滴定法、置换滴定法和间接滴定法等。

滴定分析法是定量分析中应用十分广泛的方法。其特点是加入滴定剂的量与被测物质的量符合化学计量关系。该法快速准确、操作简便、用途广泛，适合于中、高含量组分的滴定。

2. 滴定分析中的计算

在直接滴定法中，被测物质 A 与滴定剂 B 反应式如下：

$$aA + bB \rightleftharpoons cC + dD$$

当滴定到达化学计量点时，a mol A 恰好与 b mol B 作用完全，即

$$n_A : n_B = a : b$$

$$n_A = \frac{a}{b} n_B$$

$$n_B = \frac{b}{a} n_A$$

例如 $C_2O_4^{2-}$ 与 MnO_4^- 是按 5∶2 的摩尔比互相反应的：

$$5C_2O_4^{2-} + 2MnO_4^- + 16H^+ = 2Mn^+ + 10CO_2 + 8H_2O$$

故

$$n(H_2C_2O_4) = \frac{5}{2} n(KMnO_4)$$

若被测物质为溶液，其体积为 V_A，浓度为 C_A，当达到化学计量点时，消耗浓度为 C_B 的滴定剂的体积为 V_B，则

$$C_A V_A = \frac{a}{b} C_B V_B$$

在实际应用中为方便计算，常采用当量单元的物质的量（n）来表示参加反应物质 A 与 B 的物质的量，在这种情况下

$$n_A = \frac{a}{b} n_B$$

可以简化为

$$n_A = n_B$$

而

$$C_A V_A = \frac{a}{b} C_B V_B$$

可以简化为

$$C_A V_A = C_B V_B$$

这样做使氧化还原滴定及间接滴定中的计算简化了许多。例如，草酸和高锰酸钾均为当量的物质的量时，可以写成

$$n(\frac{1}{2} H_2 C_2 O_4) = n(\frac{1}{5} KMnO_4)$$

同理，若草酸和高锰酸钾标准溶液的浓度分别为 $C(\frac{1}{2}$ $H_2 C_2 O_4) = 0.1000 mol/L$ 和 $C(\frac{1}{5} KMnO_4) = 0.1000 mol/L$ 时，那么它们之间等体积的溶液中，所含有溶质的量用当量单元的物质的量表示亦相等。

这里介绍的仅是滴定分析法定量关系的计算，详细的计算将在各种分析方法中讨论。

2.2 酸碱滴定法

酸碱滴定法是以酸碱反应为基础的滴定分析方法。应用酸碱滴定法可以测定水中酸、碱以及能与酸、碱起反应的物质的含量。

酸碱滴定法通常采用强酸或强碱作滴定剂，例如，用 HCl 作为酸的标准溶液，可以滴定具有碱性的物质，如 NaOH、Na$_2$CO$_3$ 和 Na$_2$HCO$_3$ 等。如用 NaOH 作为标准溶液，可以滴定具有酸性的物质，如 H$_2$SO$_4$ 等。

1. 酸碱指示剂

酸碱滴定过程中，溶液本身不发生任何外观的变化，因此，常借酸碱指示剂的颜色变化来指示滴定终点。要使滴定获得准确的分析结果，应选择适当的指示剂，从而使滴定终点尽可能地接近化学计量点。酸碱指示剂通常是一种有机弱酸、有机弱碱或既

显酸性又显碱性的两性物质。在滴定过程中，由于溶液 pH 值的不断变化，引起了指示剂结构上的变化，从而发生了指示剂颜色的变化。

酸碱指示剂在水溶液中存在如下的解离平衡：

$$HIn(酸式色) \rightleftharpoons H^+ + In^- (碱式色)$$

其解离平衡常数 K_{HIn} 的表达式(设 $K_1 = K_{HIn}$)为 $K_1 = \dfrac{[H^+][In^-]}{[HIn]}$ 则

其中

$$[H^+] = \frac{K_1[HIn]}{[In^-]}$$

$$pH = pK_1 - \lg \frac{[HIn]}{[In^-]}$$

讨论式中 pH 值，可见

当 $\dfrac{[HIn]}{[In^-]} \geqslant 10$ 时，呈酸式色，溶液 $pH \leqslant pK_1 - 1$；

当 $\dfrac{[HIn]}{[In^-]} \leqslant \dfrac{1}{10}$ 时，呈碱式色，溶液 $pH \geqslant pK_1 + 1$；

当溶液 $pK_1 - 1 \leqslant pH \leqslant pK_1 + 1$ 时，呈混合色。

定义：$pK_1 - 1$ 到 $pK_1 + 1$ 为指示剂的理论变化范围，pK_1 为理论变色点。实际变化范围比理论的要窄，是由人眼辨色能力所限造成的。

例如，用 NaOH 滴定 HCl：滴定终点时，酚酞，无色→红色；甲基橙，橙红→黄色。用 HCl 滴定 NaOH：滴定终点时，酚酞，红色→无色；甲基橙，橙黄→橙红。

表 2.2.1　　　　　　　　几种常见的酸碱指示剂

指示剂	变色范围	pK_{HIn}	酸色	碱色	配制方法	备注
百里酚蓝	1.3～2.8	1.7	红	黄	0.1%的20%乙醇溶液	第一变色范围
甲基橙	3.1～4.4	3.4	红	黄	0.1%水溶液	
溴酚蓝	3.0～4.6	4.1	黄	紫	0.1%的20%乙醇溶液或其钠盐水溶液	

指示剂	变色范围	pK$_{HIn}$	酸色	碱色	配制方法	备注
溴甲酚绿	4.0～5.6	4.9	黄	蓝	0.1%的20%乙醇溶液或其钠盐水溶液	
甲基红	4.4～6.2	5.0	红	黄	0.1%的60%乙醇溶液或其钠盐水溶液	
溴百里酚蓝	6.2～7.6	7.3	黄	蓝	0.1%的20%乙醇溶液或其钠盐水溶液	
中性红	6.8～8.0	7.4	红	黄橙	0.1%的60%乙醇溶液	
苯酚红	6.8～8.4	8.0	黄	红	0.1%的60%乙醇溶液或其钠盐水溶液	
甲酚红	7.2～8.8	8.2	黄	紫	0.1%的20%乙醇溶液或其钠盐水溶液	第二变色范围
酚酞	8.0～10.0	9.1	无	红	0.1%的90%乙醇溶液	
百里酚蓝	8.0～9.6	8.9	黄	蓝	0.1%的20%乙醇溶液	第二变色范围
百里酚酞	9.4～10.6	10	无	蓝	0.1%的90%乙醇溶液	

指示剂的变色范围越窄越好，因为 pH 值稍有改变，指示剂立即由一种颜色变成另一种颜色，指示剂变色敏锐，有利于提高分析结果的准确度。

表 2.2.1 所列的指示剂都是单一指示剂，它们的变色范围一般都较宽，其中有些指示剂，例如甲基橙，变色过程中还有过渡颜色，颜色的变化不易于辨别。混合指示剂可以弥补其存在的不足。

混合指示剂是由人工配制而成的，利用两种指示剂颜色之间的互补作用，使变色范围变窄，过渡颜色持续时间缩短或消失，使变色范围变窄，易于终点观察。

表 2.2.2 列出了常用混合指示剂的变色点和配制方法。

表 2.2.2　　　　　　　　　　混 合 指 示 剂

指示剂溶液组成	变色点		酸色	碱色
	pH 值	颜色		
1 份 0.1％甲基橙水溶液 1 份 0.25％靛蓝二磺酸水溶液	4.1		紫	黄绿
1 份 0.2％溴甲酚绿乙醇溶液 1 份 0.4％甲基红乙醇溶液	4.8	灰紫	紫红	绿
3 份 0.1％溴甲酚绿乙醇溶液 1 份 0.2％甲基红乙醇溶液	5.1	灰	橙红	绿
1 份 0.2％甲基红溶液 1 份 0.1％亚甲基蓝溶液	5.4	暗蓝	红紫	绿
1 份 0.1％甲酚红钠盐水溶液 3 份 0.1％百里酚蓝钠盐水溶液	8.3	玫瑰红	黄	紫
1 份 0.1％酚酞乙醇溶液 2 份 0.1％甲基绿乙醇溶液	8.9	浅蓝	绿	紫

混合指示剂的组成一般有两种方式：

（1）用一种不随 H^+ 浓度变化而改变的染料与一种指示剂混合而成，如亚甲基蓝与甲基红组成的混合指示剂。亚甲基蓝是不随 pH 值而变化的染料，呈蓝色，甲基红的酸色是红色，碱色是黄色，混合后的酸色为紫色，碱色为绿色，混合指示剂在 pH 值为 5.4 时，可由紫色变为绿色或相反，非常明显。该指示剂主要用于用酸滴定水中氨氮时的指示剂。

（2）由两种不同的指示剂，按一定比例混合而成，如溴甲酚绿（$pK_{HIn}=4.9$）与甲基红（$pK_{HIn}=5.0$）两种指示剂所组成的混合指示剂，两种指示剂都随 pH 值变化，按一定的比例混合后，在 pH 值为 5.1 时，由酒红色变为绿色或相反，极为敏感。该指示剂用于水中碱度的测定。

如果将甲基红、溴百里酚蓝、百里酚蓝和酚酞按一定比例混合，溶于乙醇，配成混合指示剂，该混合指示剂随 pH 值的不同而逐渐变色如下。

pH 值	≤4	5	6	7	8	9	≥10
颜色	红	橙	黄	绿	青(蓝绿)	蓝	紫

广泛 pH 值试纸是用上述混合指示剂制成的, 用来测定 pH 值。

2. 酸碱滴定曲线和指示剂的选择

采用酸碱滴定法进行分析测定, 必须了解酸碱滴定过程中 pH 值的变化规律, 特别是化学计量点附近 pH 值的变化, 这样才有可能选择合适的指示剂, 准确地确定滴定终点。因此, 溶液的 pH 值是酸碱滴定过程中的特征变量, 可以通过计算求出, 也可用 pH 计测出。

表示滴定过程中 pH 值变化情况的曲线, 称为酸碱滴定曲线。不同类型的酸碱在滴定过程中 pH 值的变化规律不同, 因此滴定曲线的形状也不同。下面, 讨论强碱（酸）滴定强酸（碱）过程中 pH 值变化情况及指示剂的选择等问题。

这一类型滴定包括 HCl、H_2SO_4 和 NaOH、KOH 等的相互滴定, 因为它们在水溶液中是完全离解的, 滴定的基本反应为

$$H^+ + OH^- \rightleftharpoons H_2O$$

现以 0.1000mol/L NaOH 滴定 20.00ml 0.1000mol/L HCl 为例, 研究滴定过程中 H^+ 浓度及 pH 值变化规律和如何选择指示剂。滴定过程的 pH 值变化见表 2.2.3。

表 2.2.3   0.1000mol/L NaOH 滴定 20.00ml 0.1000mol/L
HCl 时 H^+ 浓度及 pH 值变化情况

加入 NaOH (ml)	HCl 被 滴定的 百分数	剩余的 HCl (ml)	过量的 NaOH (ml)	[H^+] 或 [OH^-] 的计算式	[H^+] (mol/L)	pH 值
0.00	0.00	20.0		[H^+] = 0.1000mol/L	1.00×10^{-1}	1.00
18.00	90.00	2.00			5.26×10^{-3}	2.28
19.80	99.00	0.20		[H^+] = 0.1000 × $V_{酸剩余}/V_{总}$	5.02×10^{-4}	3.30
19.98	99.90	0.02			5.00×10^{-5}	4.30

加入 NaOH (ml)	HCl 被滴定的百分数	剩余的 HCl (ml)	过量的 NaOH (ml)	[H⁺] 或 [OH⁻] 的计算式	[H⁺] (mol/L)	pH 值
20.00	100.00	0.00		$[H^+]=10^{-7}$ mol/L	1.00×10^{-7}	7.00
20.02	100.10		0.02		2.00×10^{-10}	9.70
20.20	101.00		0.20	$[OH^-]=0.1000\times$	2.01×10^{-11}	10.70
22.00	110.00		2.00	$V_{碱过量}/V_{总}$	2.10×10^{-12}	11.68
40.00	200.00		20.00		3.00×10^{-13}	12.52

　　为了更加直观地表现滴定过程中 pH 值的变化趋势，以溶液的 pH 值对 NaOH 的加入量或被滴定百分数作图，得到如图 2.2.1 所示的一条 S 形滴定曲线。由图 2.2.1 中的曲线可以看出，在滴定初期，溶液的 pH 值变化很小，曲线较平坦，随着滴定剂 NaOH 的加入，曲线缓缓上升，在计量点前后曲线急剧上升，以后又比较平坦，形成 S 形曲线。

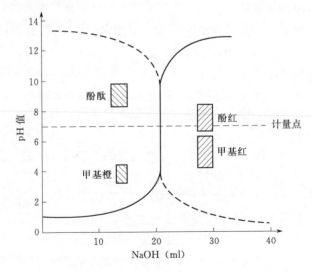

图 2.2.1　强碱（酸）滴定强酸（碱）的滴定曲线

滴定过程中 pH 值变化呈 S 形曲线的原因是：开始时，溶液中酸量大，加入 90% 的 NaOH 溶液才改变了 1.28 个 pH 值单位，这部分恰恰是强酸缓冲容量最大的区域，因此 pH 值变化较小。随着 NaOH 的加入，酸量减小，缓冲容量逐渐下降。从 90% 到 99%，仅加入 1.8ml NaOH 溶液 pH 值改变 1.02，当滴定到只剩 0.1% HCL（既 NaOH 加入 99.9%）时，再加入 1 滴 NaOH（约 0.04ml，为 100.1%，过量 0.1%），溶液由酸性突变为碱性。pH 值从 4.30 骤增至 9.70，改变了 5.4 个 pH 值单位，计量点前后 0.1% 之间的这种 pH 值的突然变化，称为滴定突跃。相当于图 2.2.1 中接近垂直的曲线部分。突跃所在的 pH 值范围称为滴定突跃范围。此后继续加入 NaOH 溶液，进入强碱的缓冲区，pH 值变化逐渐减小，曲线又趋于平坦。

S 形曲线中最具实用价值的部分是化学计量点前后的滴定突跃范围，它为指示剂的选择提供了可能，选择在滴定突跃范围内发生变色的指示剂，其滴定误差不超过 ±0.1%。若在化学计量点前后没有形成滴定突跃，不是陡直，而是缓坡，指示剂发生变色时，将远离化学计量点，引起较大误差，无法准确滴定。因此，选择指示剂的一般原则是，使指示剂的变色范围部分或全部在滴定曲线的突跃范围之内。在该浓度的强碱滴定强酸的情况下，突跃范围是 4.3～9.70。在该突跃范围内变色的指示剂，如酚酞、甲基橙、酚红和甲基红都可选择，它们的变色范围分别为 8.0～10.0、3.1～4.4、6.8～8.4 和 4.4～6.2，其中酚酞变色最为敏锐。强酸滴定强碱的滴定曲线与强碱滴定强酸的曲线形状类似，只是位置相反（如图 2.2.1 中虚线部分），变色范围为 9.70～4.30，可以选择酚酞和甲基红作指示剂。若选择甲基橙作指示剂，只应滴定至橙色，若滴定至红色，将产生 +0.2% 以上的误差。

为了在较大范围内选择指示剂，一般滴定曲线的突跃范围越宽越好。从前面表格的计算中知强酸强碱型滴定曲线的突跃范围主要决定于碱或酸的浓度，浓度大时突跃范围宽。浓度对滴定曲线的影响如图 2.2.2 所示。

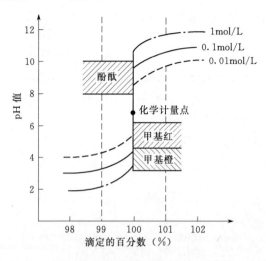

图 2.2.2　不同浓度强碱相应浓度的强酸的滴定曲线

3. 酸碱滴定法的应用——碱度的测定

（1）碱度组成。水的碱度是指水中所含能与强酸定量反应的物质总量。水中碱度的来源较多，天然水体中碱度基本上是碳酸盐、重碳酸盐及氢氧化物含量的函数，所以碱度可分为氢氧化物（OH^-）碱度、碳酸盐（CO_3^{2-}）碱度和重碳酸盐（HCO_3^-）碱度。假设水中不能同时存在 OH^- 和 HCO_3^-，可构成 5 种组合形式：（OH^-）、（OH^-、CO_3^{2-}）、（CO_3^{2-}）、（CO_3^{2-}、HCO_3^-）、（HCO_3^-）。

如天然水体中繁生大量藻类，剧烈吸收水中 CO_2，使水有较高 pH 值，主要有碳酸盐碱度，一般 pH 值<8.3 的天然水中主要含有重碳酸盐碱度，略高于 8.3 的弱酸性天然水可同时含有重碳酸盐和碳酸盐碱度，pH 值>10 时主要是氢氧化物碱度。总碱度被当作这些成分浓度的总和。当水中含有硼酸盐、磷酸盐或硅酸盐等时，则总碱度的测定值也包含它们所起的作用。

（2）碱度测定。碱度的测定采用酸碱滴定法。用 HCl 和 H_2SO_4 作为标准溶液，酚酞和甲基橙作为指示剂，根据不同指示剂变色所消耗的酸的体积，可分别测出水样中所含的各种碱度。

碱度的测定可用连续滴定法：取一定容积的水样，加入酚酞指示剂以强酸标准溶液进行滴定，到溶液由红色变为无色为止，标准酸溶液用量用 P 表示。再向水样中加入甲基橙指示剂，继续滴定溶液由黄色变为橙色为止，滴定用去标准溶液体积用 M 表示。根据 P 和 M 的相对大小，可以判断水中碱度组成并计算其含量。在滴定中各种碱度的反应如下。

酚酞变色：

$$H^+ + OH^- \rightleftharpoons H_2O$$

$$H^+ + CO_3^{2-} \rightleftharpoons HCO_3^-$$

$$P = OH^- + (\frac{1}{2}CO_3^{2-})$$

甲基橙变色：

$$H^+ + CO_3^{2-} \rightleftharpoons H_2CO_3$$

$$M = \frac{1}{2}CO_3^{2-} + HCO_3^-$$

水中的总碱度：$T = OH^- + CO_3^{2-} + HCO_3^- = P + M$

各类碱度及酸碱滴定结果的关系见表 2.2.4。

表 2.2.4　　　　　　　　　水中碱度组成与计算

类型	滴定结果	OH^-	CO_3^{2-}	HCO_3^-	总碱度
1	P，$M=0$	P	0	0	P
2	$P>M$	$P-M$	$2M$	0	$P+M$
3	$P=M$	0	$2P$	0	$P+M$
4	$P<M$	0	$2P$	$M-P$	$P+M$
5	M，$P=0$	0	0	M	M

（3）碱度计算。

1）首先由 P 和 M 的数值判断碱度的组成（见表 2.2.4）。

例如，滴定结果为 $P=11.05\text{ml}$，$M=8.90\text{ml}$，查表 2.2.4，由于 $P>M$，故水中碱度成分是 OH^-、CO_3^{2-}。

OH^- 含量为 $P-M=2.15\text{ml}$，意义是水中 OH^- 可消耗酸标准溶液 2.15ml，CO_3^{2-} 含量为 $2M=19.80\text{ml}$，意义上水中 CO_3^{2-}

可消耗酸标准溶液 19.80ml。

总碱度为 $P+M=19.95$ml，意义是水中总碱度能消耗酸标准溶液 19.95ml。

2）碱度的表示方法。以 mg/L 计，以 mol/L 或 mmol/L 计，以 mgCaO/L 或 mgCaCO$_3$/L 计。

3）碱度计算常用的摩尔质量。

OH^-　17g/mol　　$\frac{1}{2}CO_3^{2-}$　30g/mol　　HCO_3^-　61g/mol

$\frac{1}{2}CaO$　28g/mol　　$\frac{1}{2}CaCO_3$　50g/mol

4）碱度计算的表达式。

【例 2.2.1】　连续滴定的滴定结果为 $P=11.05$ml，$M=8.90$ml；已知 $V_{水样}=100$ml，$C_{HCl}=0.1$mol/L。

经分析，水中碱度成分是 OH^-、CO_3^{2-}，OH^- 含量为 $P-M=2.15$ml，CO_3^{2-} 含量为 $2M=17.80$ml，总碱度为 $P+M=19.95$ml。

碱度计算的结果可表达为

$$OH^- \text{碱度（mol/L）}=\frac{C_{HCl}\times(P-M)}{V_{水样}}=0.1\times2.15/100$$

$$=2.15\times10^{-3}\text{（mol/L）}$$

$$CO_3^{2-}\text{碱度（mol/L）}=\frac{C_{HCl}\times2M}{V_{水样}}=0.1\times17.8/100$$

$$=1.78\times10^{-2}\text{（mol/L）}$$

$$OH^-\text{碱度（以 CaCO}_3\text{ 计，mg/L）}=\frac{C_{HCl}\times(P-M)\times50.05}{V_{水样}}$$

$$\times1000=107.6\text{（mg/L）}$$

$$OH^-\text{碱度（以 CaO 计，mg/L）}=\frac{C_{HCl}\times(P-M)\times28.04}{V_{水样}}$$

$$\times1000=60.29\text{（mg/L）}$$

$$CO_3^{2-}\text{碱度（以 CaCO}_3\text{ 计，mg/L）}=\frac{C_{HCl}\times2M\times50.05}{V_{水样}}\times$$

$$1000=890.89\text{（mg/L）}$$

CO_3^{2-} 碱度（以 CaO 计，mg/L）$= \dfrac{C_{HCl} \times 2M \times 28.04}{V_{水样}} \times$

$1000 = 499.11$（mg/L）

总碱度（以 CaO 计，mg/L）$= \dfrac{C_{HCl} \times (P+M) \times 28.04}{V_{水样}} \times$

$1000 = 559.40$（mg/L）

总碱度（以 $CaCO_3$ 计，mg/L）$= \dfrac{C_{HCl} \times (P+M) \times 50.05}{V_{水样}}$

$\times 1000 = 998.50$（mg/L）

2.3 沉淀滴定法

1. 概述

沉淀滴定法是以沉淀反应为基础的一种滴定分析方法。目前比较有实际意义的是生成难溶银盐的沉淀反应，例如：

$$Ag^+ + Cl^- \rightleftharpoons AgCl \downarrow$$

$$Ag^+ + SCN^- \rightleftharpoons AgSCN \downarrow$$

以生成难溶银盐沉淀的反应来进行滴定分析的方法称为银量法。用银量法可以测定 Cl^-、Br^-、I^-、Ag^-、CN^- 及 SCN^- 等，还可以测定经处理而能定量地产生这些离子的有机化合物。银量法根据确定终点采用的指示剂不同分为莫尔法、佛尔哈德法等。

2. 莫尔法

莫尔法是以铬酸钾（K_2CrO_4）作指示剂，用硝酸银（$AgNO_3$）作标准溶液，在中性或弱碱性条件下对氯化物（Cl^-）和溴化物（Br^-）进行分析测定的方法。

（1）滴定原理。以测定 Cl^- 为例，在含有 Cl^- 的中性水样中加入（K_2CrO_4）指示剂，用 $AgNO_3$ 标准溶液进行滴定，其反应式如下：

$Ag^+ + Cl^- \rightleftharpoons AgCl \downarrow$（白色） $K_{sp} = 1.8 \times 10^{-10}$

$2Ag^+ + CrO_4^{2-} \rightleftharpoons Ag_2CrO_4$（砖红色） $K_{sp} = 2.0 \times 10^{-12}$

根据分步沉淀的原理，由于 AgCl 的溶解度比 Ag_2CrO_4 小，滴定过程中首先析出 AgCl 沉淀。当 AgCl 定量沉淀后，过量一滴 AgNO$_3$ 溶液即与 K$_2$CrO$_4$ 反应，生成砖红色 Ag$_2$CrO$_4$ 沉淀，指示滴定终点的到达。

（2）测定步骤。

1）取一定量水样加入少许 K$_2$CrO$_4$，用 AgNO$_3$ 滴定，滴定至砖红色出现，记下消耗 AgNO$_3$ 的体积 V_1。

2）取同体积空白水样（不含 Cl$^-$），加入少许 CaCO$_3$ 作为陪衬，加入少许 K$_2$CrO$_4$，用 AgNO$_3$ 滴定，滴定至砖红色记下消耗 AgNO$_3$ 的体积 V_0。

3）用基准 NaCl 配制标准溶液，标定 AgNO$_3$ 溶液的浓度。

（3）注意事项。

1）不含 Cl$^-$ 的空白水样中加入少许 CaCO$_3$ 作为陪衬，使两者在终点时由白色沉淀→砖红色沉淀减小终点颜色差异，使终点的一致性强。

2）pH 值对 Cl$^-$ 测定的影响。NH$_4^+$ 存在时，最佳 pH 值范围 6.5～7.2；NH$_4^+$ 较低时，不必严格限定 pH 值，6.5～10 条件下，可以测［Cl$^-$］。

3）滴定时剧烈振摇。

（4）计算。

$$\text{Cl}^- \,(\text{mg/L}) = \frac{C_{\text{AgNO}_3}(V_1 - V_0) \times 35.5 \times 10^3}{V_\text{水}}$$

式中　C_{AgNO_3}——AgNO$_3$ 标准溶液的浓度，mol/L；

　　　$V_\text{水}$——水样的体积，ml；

　　　V_0——蒸馏水消耗 AgNO$_3$ 标准溶液的体积，ml；

　　　V_1——水样消耗 AgNO$_3$ 标准溶液的体积，ml；

　　　35.5——氯离子的换算系数。

2.4　配位滴定法

1. 概述

配位滴定法是利用配位反应来进行滴定分析的方法。在水质分析中，配位滴定法主要用于水中硬度测定等。

　　配位反应是由中心离子或原子与配位体以配位键形成配离子（配离子）的反应。含有配离子的化合物称配合物。如铁氰化钾（$K_3[Fe(CN)_6]$）配合物，$[Fe(CN)_6]^{3+}$ 称为配离子，又称内界。配离子中的金属离子（Fe^{3+}）称为中心离子，与中心离子配合的阴离子 CN^- 称为配位体。配位体中直接与中心离子配合的原子称为配位原子（CN^- 中的氮原子），与中心离子配合的配位原子数目称为配位数。钾离子称配合物的外界，与内界间以离子键结合。

　　根据配体中所含配位原子数目的不同可分为单基配位体和多基配位体配体，它们与金属离子分别形成简单配合物和螯合物。

　　简单配合物是指单基配位体与中心原子直接配位形成的化合物。单基配位体是只含一个配位原子的配体，如 X^-、H_2O、NH_3 等，简单配合物如 $[Ag(NH_3)_2]Cl$、$K_2[PtCl_6]$ 等。

　　由中心原子和多齿配位体形成的具有环状结构，以双螯钳住中心离子的稳定的配合物称为螯合物。这种配位体又称为螯合剂。

2. EDTA 及其螯合物

　　（1）EDTA 和 EDTA 二钠。乙二胺四乙酸，简称 EDTA 或 EDTA 酸，常用 H_4Y 表示。它在水中的溶解度很小，故常用它的二钠盐 $Na_2H_2Y \cdot 2H_2O$，即 EDTA-2Na，一般又称 EDTA。

　　当 H_4Y 溶解于酸度很高的水溶液中时，它的两个羧酸根可再接受 H^+，于是 EDTA 相当于一个六元酸，即 H_6Y^{2+}。EDTA 可以与很多种金属离子形成稳定的螯合物。

　　（2）EDTA 螯合物的稳定性。EDTA 与许多金属形成的螯合物都具有较大的稳定的。EDTA 与金属离子以 1∶1 的比值形成螯合物，多数可溶而且无色，即使如 Cu-EDTA、Fe-EDTA 这样的螯合物有色，但是在较低浓度下，对终点颜色的干扰可以采取适当的办法消除。EDTA 一般只形成一种形体即一种配位数的螯合物，螯合物稳定性高，反应能够定量、快速地进行，非常适于配位滴定。

（3）EDTA 的酸效应。在酸性条件下，由于 Y 与 H 能形成 HY，H_2Y，…，H_6Y 使其与金属离子直接作用的有效浓度 [Y] 减小，与金属离子反应能力下降，这种现象称为酸效应。Y 与 H 的反应称为副反应。有效浓度 [Y] 与金属离子的反应称为主反应。酸效应的强弱用酸效应系数 Ay（H）的大小衡量。设 EDTA 的总浓度为 $C_Y = [Y']$，则

$$\alpha_{Y(H)} = \frac{[Y]_总}{[Y^{4-}]}$$

酸效应系数仅是 [H] 的函数，而与配位剂的浓度无关，pH 值越小，酸效应系数值越大，有效浓度越小，Y 与 H 的反应副反应就越强，EDTA 与金属离子的主反应越弱。

（4）最低 pH 值和酸效应曲线。由于 pH 值对 EDTA 的有效浓度有很大的影响，所以有实际意义的是利用金属离子准确滴定的条件，求出金属离子完全反应时所需要的最小 pH 值，利用缓冲溶液调节稍大于该 pH 值进行测定。

将计算出的 EDTA 滴定各种离子所需的最低 pH 值为纵坐标，以 $\lg K_{MY}$ 为横坐标，然后绘出酸效应曲线，见图 2.4.1。

从图 2.4.1 中可查出金属离子准确滴定的最小 pH 值。如 Fe^{2+} 和 Fe^{3+} 的最小 pH 值分别为 5 和 1.2，其意义是要准确滴定 Fe^{2+} 则水样的 pH 值应大于 5，要准确滴定 Fe^{3+} 则水样的 pH 值应大于 1.2。

3. 金属指示剂

在配位滴定中，指示剂是指示滴定过程中金属离子浓度的变化，故称为金属指示剂。金属指示剂对金属离子浓度的改变十分灵敏，在一定的 pH 值范围内，当金属离子浓度发生改变时，指示剂的颜色发生变化，用它可以确定滴定的终点。

（1）金属指示剂的作用原理。金属指示剂是一种配位性的有机染料，能与金属离子生成有色配合物或螯合物。在如 pH＝10 时，用铬黑 T 指示剂指示 EDTA 滴定 Mg^{2+} 的滴定终点。滴定

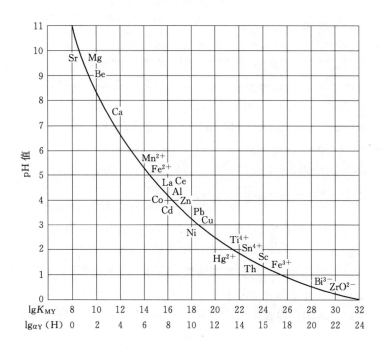

图 2.4.1 EDTA 的酸效应曲线

前，溶液中只有 Mg^{2+}，加入铬黑 T（HIn^{2-}）后，发生配位反应，生成的 $MgIn^-$ 呈红色，反应式如下：

$$M + In(游离态颜色) \rightleftharpoons MIn(络合态颜色) \quad （络合反应）$$

滴定开始至化学计量点前，由于 EDTA 和 Mg^{2+} 反应的生成产物 MgY^{2-} 无色，所以溶液一直是 $MgIn^-$ 的红色。

滴定反应的化学式为

$$M + Y \rightleftharpoons MY$$

化学计量点时，金属离子全部反应完全，稍加过量的EDTA 由于具有强的螯合性，把铬黑 T—金属螯合物中的铬黑 T 置换出来，其反应式为

$$Y + MIn(络合态颜色) \rightleftharpoons MY + In(游离态颜色)$$

pH＝10 时，铬黑 T 为纯蓝色，因此反应结束时，溶液颜色由红色转变为蓝色，利用此颜色的转变可以指示滴定终点。

（2）金属指示剂具备的条件。一个良好的金属指示剂，一般具有以下条件。

1）在滴定要求的 pH 值条件下，指示剂与金属-指示剂螯合物具有明显的色变。

2）金属-指示剂螯合物应有适当的稳定性，其稳定性必须小于 EDTA 与金属离子的稳定性，但金属-指示剂螯合物的稳定性也不能太低，否则该螯合物在化学计量点前发生解离，指示剂提前释放，游离出来，终点提前，而且变色不敏锐。

3）指示剂与金属离子的反应要迅速，In 与 MIn 应易溶于水。

4）指示剂应具有较好的选择性，在测定的条件下只与被测离子显色。若选择性不理想，应设法消除干扰。

5）指示剂本身在空气中应稳定，便于保存。大多数金属指示剂由于自身结构特点，在空气中或在水溶液中易被氧化，所以最好现用现配。保存时应避光，密封保存在棕色容器中。有时直接使用盐稀释的固体。

4. 对水样中多种金属离子滴定选择性的方法

在实际水样中往往有多种金属离子共存的情况，而 EDTA 能与许多金属离子生成稳定的配合物，因此如何在混合离子中对某一离子进行选择滴定，是配位滴定中的一个十分重要的问题。

（1）pH 值来控制。

【例 2.4.1】 水样中含有 Al^{3+}、Fe^{3+}、Mg^{2+}、Ca^{2+} 离子，能否利用控制酸度的方法滴定 Fe^{3+}？

解： $\lg K_{FeY}=25.1$，$\lg K_{AlY}=16.1$，$\lg K_{CaY}=10.07$，$\lg K_{MgY}=8.69$，可见 $\lg K_{FeY}>\lg K_{AlY}$，$\lg K_{CaY}$，$\lg K_{MgY}$。均可同时满足上述判断式的判断条件，根据酸效应曲线（图 2.4.1），如控制 pH=2，只能满足 Fe^{3+} 所允许的最小 pH 值，其他 3 种离子达不到允许的最小 pH 值，不能形成配合物，即消除了干扰。

如果干扰离子比被选定测定的离子 EDTA 螯合物稳定或两者稳定程度相近，则不能使用调酸度控制干扰的方法进行测定，而要使用其他方法。

（2）掩蔽技术。加入一种试剂与干扰离子作用，使干扰离子浓度降低，这就是掩蔽作用。加入的试剂称为掩蔽剂。

常用的掩蔽方法有配位掩蔽、沉淀掩蔽和氧化还原掩蔽。

1）配位掩蔽。利用配位掩蔽与干扰离子形成稳定的配合物，降低干扰离子浓度的方法，称为配位掩蔽法。例如，Al^{3+} 和 Fe^{3+} 与 EDTA 的螯合物比 Mg^{2+} 和 Ca^{2+} 的螯合物稳定，在 Al^{3+}、Fe^{3+} 存在时，测定 Mg^{2+}、Ca^{2+} 离子时，可以在酸性溶液中加入三乙醇胺使 Al^{3+}、Fe^{3+} 生成配合物而除去。又如，Al^{3+} 和 Zn^{2+} 两种离子共存时，由于两种 EDTA 螯合物的稳定性相近，所以可用加入氟化物的方法使 Al^{3+} 生成稳定的 AlF_6^{3-} 除去 Al^{3+}，而测定 Zn^{2+}。

在选择掩蔽剂时要考虑掩蔽剂的用量，酸度范围，形成配合物的稳定性，该掩蔽剂的加入是否影响到被测离子，配合物的颜色等。

2）沉淀掩蔽。利用掩蔽剂与干扰离子形成沉淀，减低干扰的离子浓度的方法，称为沉淀掩蔽法。例如，水样中含有 Mg^{2+} 和 Ca^{2+}，欲测定其中 Ca^{2+} 的含量，因为两种离子的 EDTA 螯合物的稳定常数相差很小，则可加入 NaOH，使 pH 值大于 12，产生 $Mg(OH)_2$ 沉淀，以 EDTA 溶液滴定 Ca^{2+}，则 Mg^{2+} 不干扰测定。

沉淀掩蔽法要求生成沉淀的溶解度小，反应安全，且是无色紧密的晶形沉淀，否则吸附被测离子，影响终点颜色的观察。

3）氧化还原掩蔽。利用氧化还原反应改变干扰离子的价态，消除干扰的方法，称为氧化还原掩蔽法。例如，在 Fe^{3+} 存在下测定水中 ZrO^{2+}、Th^{4+}、Bi^{3+} 等任一种离子时，三种离子的 $\lg K_{MY}$ 与 $\lg K_{FeY^-}$ 之差很小，用抗坏血酸或盐酸羟胺把 Fe^{3+} 还原为 Fe^{2+}，使 $\lg K_{MY} - \lg K_{FeY}^{2-}$ 很大，可以用控制酸度的方法形成 MY 而 FeY^{2-} 不能形成，消除了 Fe^{3+} 的干扰。

常用的掩蔽剂列于表 2.4.1 中。

表 2.4.1　　　　　　　　　　　　常 用 的 掩 蔽 剂

名　称	pH 值	被掩蔽的离子	备　注
NH$_4$F	4～6	Al^{3+}、Ti^{4+}、Sn^{4+}、Zr^{4+}、W^{6+}	用 NH$_4$Y 比 NaF 好，优点是加入后溶液 pH 值变化不大
	10	Al^{3+}、Mg^{2+}、Ca^{2+}、Sr^{2+}、Ba^{2+} 及稀土元素	
三乙醇胺（TEA）	10	Al^{3+}、Fe^{3+}、Sn^{4+}、Ti^{4+}	与 KCN 并用，可提高掩蔽效果
	11～12	Al^{3+}、Fe^{3+} 及少量 Mn^{2+}	
二巯基丙醇（BAL）	10	Hg^{2+}、Ca^{2+}、Pb^{2+}、Zn^{2+}、Bi^{3+}、Sn^{4+}、Sb^{3+}、Ag$^+$ 及少量 Ni^{2+}、Co^{2+}、Cu^{2+}	Ni^{2+}、Co^{2+}、Cu^{2+} 与 BAL 的配合物有色
酒石酸	1～2	Fe^{2+}、Sn^{2+}、Mo^{6+}、Sb^{3+}、Sn^{4+}、Fe^{3+} 及 5mg 以下的 Cu^{2+}	与抗坏血酸联合掩蔽
	5.5	Fe^{2+}、Al^{3+}、Sn^{4+}、Ca^{2+}	
	10	Al^{3+}、Sn^{4+}	
草酸	2	Sn^{4+}、Cu^{2+}	草酸对 Fe^{3+} 的掩蔽能力比酒石酸强，对 Al^{3+} 却不如酒石酸
	5.5	ZrO^{2+}、Th^{4+}、Fe^{3+}、Fe^{2+}、Al^{3+}	
柠檬酸	5～6	UO$_2^{2+}$、Th^{4+}、Zr^{2+}、Sn^{2+}	
	7	UO$_2^{2+}$、Th^{4+}、ZrO^{2+}、Ti^{4+}、Nb^{5+}、WO$_4^{2-}$、Ba^{2+}、Fe^{3+}、Cr^{3+}	

5. 配位滴定法的应用——硬度的测定

（1）硬度。水的硬度是指水中 Mg^{2+}、Ca^{2+} 浓度的总量，是水质的重要指标之一。硬度可以分为暂时硬度和永久硬度：暂时硬度指由 Ca(HCO$_3$)$_2$、Mg(HCO$_3$)$_2$ 或 CaCO$_3$、MgCO$_3$ 形成的硬度，可加热煮沸去除；永久硬度主要指 CaSO$_4$、MgSO$_4$、CaCl$_2$、MgCl$_2$ 等形成的硬度。

一般天然地表水中硬度较小，如长江水为 4～7 度，松花江水月平均硬度 2~3 度；地下水、咸水和海水的硬度较大，一般为 10~100 度，多者甚至达几百度。

（2）硬度的表示方法。

1）mmol/L。这是现在硬度的通用单位。

2）mg/L（以 $CaCO_3$ 计）。1mmol/L＝100.1mg/L（以 $CaCO_3$ 计）。我国饮用水中总硬度不超过 450mg/L（以 $CaCO_3$ 计）。

3）德国度（简称度）。1 德国度相当于 10mg/L CaO 所引起的硬度，即 1 度。通常所指的硬度是德国硬度。

$$1 度＝10mg/L（以 CaO 计）$$
$$1mmol/L（CaO）＝56.1÷10＝5.61（度）$$
$$1 度＝100.1÷5.61＝17.8（mg/L）（以 CaCO_3 计）$$

（3）分析方法。水中总硬度的测定，目前常采用 EDTA 配位滴定法。在 pH＝10 的氨性缓冲溶液条件下，以铬黑 T 为指示剂，用 EDTA 标准溶液进行滴定。其测定原理如下：

在 pH＝10 的氨性缓冲溶液条件下，指示剂铬黑 T 和 EDTA 都能与 Mg^{2+}、Ca^{2+} 生成配合物，且配合物稳定程度顺序为 $CaY^{2-} > MgY^{2-} > MgIn^- > CaIn^-$。在加入指示剂铬黑 T 时，铬黑 T 与试样中少量的 Mg^{2+}、Ca^{2+} 生成紫红色的配合物：

$$Mg^{2+} + HIn^{2-} \rightleftharpoons MgIn^- + H^+$$
$$Ca^{2+} + HIn^{2-} \rightleftharpoons CaIn^- + H^+$$

滴定开始后，EDTA 首先与试样中游离的 Mg^{2+}、Ca^{2+} 配位，生成稳定无色的 MgY^{2-} 和 CaY^{2-} 配合物：

$$H_2Y^{2-} + Mg^{2+} \rightleftharpoons MgY^{2-} + 2H^+$$
$$H_2Y^{2-} + Ca^{2+} \rightleftharpoons CaY^{2-} + 2H^+$$

当游离的 Ca^{2+}、Mg^{2+} 与 EDTA 配位完全后，由于 CaY^{2-}、MgY^{2-} 配合物的稳定性远大于 $CaIn^-$、$MgIn^-$ 配合物，继续滴加的 EDTA 夺取 $CaIn^-$、$MgIn^-$ 配合物中的 Ca^{2+}、Mg^{2+}，使铬黑 T 游离出来，溶液由紫红色变为蓝色，指示滴定终点。反应如下：

$$H_2Y^{2-} + MgIn \rightleftharpoons MgY^{2-} + HIn^{2-} + H^+$$

$$H_2Y^{2-} + CaIn^- \rightleftharpoons CaY^{2-} + HIn^{2-} + H^+$$

根据 EDTA 标准溶液的浓度及滴定时的用量，即可计算出总硬度：

$$总硬度（mmol/L）= \frac{C_{EDTA}V_{EDTA}}{V}$$

式中　C_{EDTA}——EDTA 标准溶液的浓度，mol/L；

　　　　V_{EDTA}——EDTA 标准溶液的体积，ml；

　　　　V——原水样的体积，ml。

从上述反应可看出，在测定过程中的每一步反应都有 H^+ 产生，为了控制滴定条件为 pH=10，使 EDTA 与 Ca^{2+}、Mg^{2+} 形成稳定的配合物，所以必须使用氨性缓冲溶液稳定溶液的 pH 值。

2.5　氧化还原滴定法

氧化还原滴定法是指以氧化还原反应为基础的滴定分析方法。氧化还原滴定法广泛地应用于水质分析中，除可以用来直接测定氧化性或还原性物质外，也可以用来间接测定一些能与氧化剂或还原剂发生定量反应的物质。因此，水质分析中常用氧化还原滴定法测定水中的溶解氧（DO）、高锰酸盐指数等，以此评析水体中有机物污染程度；此外，还用来测定水中游离余氯、二氧化氯和臭氧等。通常根据所用滴定剂的种类不同，将氧化还原滴定法分为高锰酸钾法、重铬酸钾法、碘量法、溴酸钾法等。

1. 氧化还原反应的方向

（1）条件电极电位。条件电极电位简称条件电位。氧化剂和还原剂的强弱可以用有关电对的电极电位（简称电位）来衡量。电对的电位值越大，其氧化形是越强的氧化剂；电对的电位值越小，其还原形是越强的还原剂。例如，Fe^{3+}/Fe^{2+} 电对的标准电位（$\varphi^\theta_{Fe^{3+}/Fe^{2+}} = 0.77V$）比 Sn^{4+}/Sn^{2+} 电对的标准电位（$\varphi^\theta_{Sn^{4+}/Sn^{2+}} = 0.15V$）大，对氧化形 Fe^{3+} 和 Sn^{4+} 来说，Fe^{3+} 是更强的氧化剂；对还原形 Fe^{2+} 和 Sn^{2+} 来说，Sn^{2+} 是更强的还原剂，因此发生下式反应：

$$2\,Fe^{3+} + Sn^{2+} \rightleftharpoons 2Fe^{2+} + Sn^{4+}$$

根据有关电对的电位值，可以判断反应的方向和反应进行的完全程度。

氧化还原电对的电位可用能斯特（Nernst）方程表示，例如下式半反应：

$$Ox + ne \rightleftharpoons \text{Re}d$$

其能斯特方程为

$$\varphi = \varphi^{\theta} + \frac{RT}{nF} \ln \frac{\alpha_{Ox}}{\alpha_{\text{Red}}}$$

式中 φ ——电对的电位；

         φ^{θ} ——电对的标准电位；

   α_{Ox} 、 α_{Red} ——氧化形、还原形的活度；

         R ——气体常数， $R = 8.314 J/ (mol \cdot K)$ ；

         T ——绝对温度，K；

         F ——法拉第常数， $F = 96487 ℃/mol$ ；

         n ——半反应中电子转移数。

（2）氧化还原反应进行的方向。通过氧化还原反应电对的电位计算，可以判断氧化还原反应进行的方向。氧化还原反应是由较强的氧化剂和较强的还原剂向生产较弱的氧化剂和较弱的还原剂的方向进行。当溶液中含有几种还原剂时，加入氧化剂，首先与最强的还原剂作用；同样，当溶液中含有几种氧化剂时，加入还原剂，则首先与最强的氧化剂作用。即在合适的条件下，所有可能发生的氧化还原反应中，电极电位相差最大的电对间首先发生。

由于氧化剂和还原剂的浓度、溶液的酸度、生成沉淀和形成络合物等都对氧化还原电对的电位产生影响，因此，在不同的条件下可能影响氧化还原反应进行的方向。

2. 影响氧化还原速度的因素

滴定分析要求反应快速进行。氧化还原滴定中不仅要从反应的平衡常数判断反应的可行性，还要从反应速度来考虑反应的现实性。因此，讨论氧化还原滴定时，应先讨论氧化还原反应的速度问题。

影响氧化还原反应速度的因素如下：

（1）浓度。许多氧化还原反应是分步进行的，因此，不能从总的氧化还原反应方程式来判断反应物浓度对速度的影响。一般来说，增加反应物的浓度即可加快反应速度。此外，在氧化还原滴定过程中，由于反应物的浓度降低，特别是接近化学计量点时，反应速度减慢，因此，滴定时应注意控制滴定速度与反应速度相适应。

（2）温度。对大多数反应来说，升高温度可以提高反应的速度。例如，酸性溶液中 MnO_4^- 和 $C_2O_4^{2-}$ 的反应，在室温下反应缓慢，加热能加快反应，通常控制在 $70 \sim 80 \, ^\circ C$ 滴定，但应考虑升高温度时可能引起的其他一些不利因素。

有些物质（如 I_2）易挥发，加热时会引起挥发损失；有些物质（如 Sn^{2+}，Fe^{2+} 等）加热时会促使其被空气中的氧氧化。因此，必须根据具体情况确定反应最适宜的温度。

（3）催化剂。催化作用是指由于某些物质的存在而改变反应速度的现象，这类物质称为催化剂。广义地说，催化剂只能引起反应速度的变化，但不移动化学平衡。表面上，催化剂似乎没有参与反应，实际在反应过程中，催化剂反复地参与反应，并循环地起作用。

氧化还原反应中借加入催化剂以加速反应的还有不少，如化学需氧量的测定中，以 Ag_2SO_4 作催化剂等。

3. 氧化还原滴定

（1）氧化还原滴定曲线。与酸碱滴定法相似，在氧化还原滴定过程中，随着滴定剂的加入，溶液中氧化剂和还原剂浓度不断地发生变化，相应电对的电极电位也随之发生改变。在化学计量点处发生电位突跃。如反应中两电对都是可逆的，就可以根据能斯特方程，由两电对的条件电位计算滴定过程中溶液电位的变化，并描绘滴定曲线。图 2.5.1 是通过计算得到的以 0.1mol $K_2Cr_2O_7$ 标准溶液滴定等浓度 Fe^{2+} 的滴定曲线。滴定曲线的突跃范围为 0.94～1.31V，化学计量点为 1.26V。

化学计量点附近电位突跃的大小与两个电对条件电位相差的大小有关。条件电位相差越大，则电位突跃越大，反应也越安全。

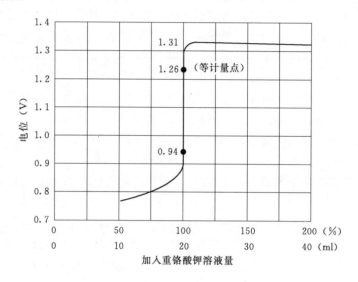

图 2.5.1　0.1mol $K_2Cr_2O_7$ 滴定 Fe^{2+} 的理论滴定曲线

（2）氧化还原指示剂。在氧化还原滴定过程中，可用指示剂在化学计量点附近颜色的改变来指示滴定终点。根据氧化还原指示剂的性质可分为以下各类。

1）氧化还原指示剂。这类指示剂是具有氧化还原性质的复杂有机化合物，在滴定过程中也发生氧化还原反应，其氧化态和还原态的颜色不同，因而可以用于指示滴定终点的到达。

每种氧化还原指示剂在一定的电位范围内发生颜色变化，该范围称为指示剂的电极电位变色范围。选择指示剂时应选用电极电位变色范围在滴定突跃范围内的指示剂。常用的氧化还原剂及配制方法见表 2.5.1。

配制方法见表 2.5.1。

表 2.5.1 一些氧化还原指示剂及配制方法

指示剂	φ^{θ}/V $[H^+]=1mol/L$	颜色变化		配制方法
		氧化态	还原态	
次甲基蓝	0.36	天蓝	无色	0.05%水溶液
二苯胺磺酸钠	0.85	紫蓝	无色	0.2%水溶液
邻苯氨基苯甲酸	0.89	紫红	无色	0.2%水溶液
邻二氮菲亚铁盐	1.06	淡蓝	红	每 100ml 溶液含 1.624g 邻氮菲和 0.695g FeSO$_4$
硝基邻二氮菲亚铁盐	1.26	淡蓝	红	1.7g 硝基邻二氮菲和 0.025mol/L FeSO$_4$ 100ml 配成溶液

氧化还原指示剂是氧化还原滴定的通用指示剂，选择指示剂时应注意以下两点。

a. 指示剂变色的电位范围在滴定突跃范围之内。由于指示剂变色的电位范围很小应尽量选择指示剂条件电位 φ^{θ}_{In} 处于滴定曲线突跃范围之内的指示剂。

b. 氧化还原滴定中，滴定剂和被滴定的物质常是有色的，反应前后颜色发生改变，观察到的是离子的颜色和指示剂所显示颜色的混合色，选择指示剂时应注意化学计量点前后颜色变化是否明显。

例如：试亚铁灵：$Fe(phen)_3^{2+}$（红色）$\longrightarrow Fe(phen)_3^{3+}$（蓝色）

2）自身指示剂。在氧化还原滴定中，有些标准溶液或被滴定物质本身有很深的颜色，而滴定产物为无色或颜色很浅，滴定时无需另加指示剂，它们本身颜色的变化就起着指示剂的作用。这种物质称为自身指示剂。

例如：在 KMnO$_4$ 法中，用 MnO$_4^-$ 在酸性溶液中滴定无色或浅色的还原性物质时，计量点之前，滴入的 MnO$_4^-$ 全部被还原为无色的 Mn^{2+}，整个溶液仍保持无色或浅色。达到计量点时，水中还原性物质已全部被氧化，再滴 1 滴 MnO_4^-，溶液立即由无色变为稳定的浅红色，指示已达到终点，MnO_4^- 就是自身指示剂。

3）特效指示剂。特效指示剂是能与滴定剂或被滴定物质反应生成特殊颜色的物质，以指示终点。例如，淀粉 0.5%（w/v 0.5g 淀粉溶于 100ml 沸水中）专门用于碘量法。加入指示剂，I_2 ＋淀粉 $\longrightarrow$ 蓝色络合物；加还原剂滴定，I_2 被还原；终点：蓝色消失。

注意：指示剂加入时刻，$Na_2S_2O_3$ 滴定水样至淡黄色，再加淀粉呈蓝色，继续加 $Na_2S_2O_3$ 至蓝色消失。否则，若 I_2 浓度高，加入淀粉与大量的 I_2 形成络合物，使置换还原困难。

4. 氧化还原滴定法在水质分析中的应用

氧化还原滴定法，根据使用滴定剂的种类又分为不同的方法。在水质分析中，经常采用高锰酸钾法、重铬酸钾法、碘量法和溴酸钾法。

（1）高锰酸钾法——饮用水中耗氧量的测定。

1）高锰酸钾法。高锰酸钾法是以高锰酸钾（$KMnO_4$）为滴定剂的滴定分析方法。由于高锰酸钾是一种强氧化剂，不仅可以用于直接滴定 Fe（Ⅱ）、As（Ⅲ）、Sb（Ⅲ）、H_2O_2、$C_2O_4^{2-}$、NO_2^- 以及其他具有还原性的物质（包括很多有机化合物），还可以间接测定能与 $C_2O_4^{2-}$ 定量沉淀为草酸盐的金属离子等，因此高锰酸钾法应用广泛。$KMnO_4$ 本身呈紫色，在酸性溶液中，被还原为 Mn^{2+}（几乎无色），滴定时无需另加指示剂。它的主要缺点是试剂含有少量杂质，标准溶液不够稳定，反应历程复杂，并常伴有副反应发生。因此，滴定时要严格控制条件，已标定的 $KMnO_4$ 溶液放置一段时间后，应重新标定。

MnO_4^- 的氧化能力与溶液的酸度有关。在强酸性溶液中，$KMnO_4$ 被还原为 Mn^{2+}，其半反应式为

$$MnO_4^- + 8H^+ + 5e^- \Longrightarrow Mn^{2+} + 4H_2O$$

$$\varphi^{\theta} = 1.15V$$

在微酸性、中性或弱碱性溶液中，半反应式为

$$MnO_4^- + 2H_2O + 3e^- \rightleftharpoons MnO_2 + 4OH^-$$

$$\varphi^\theta = 0.588V$$

反应后生成棕色的 MnO_2，妨碍终点的观察。在强碱性溶液中（NaOH 的浓度大于 2mol/L），很多有机化合物与 MnO_4^- 反应，半反应式为

$$MnO_4^- + e^- \rightleftharpoons MnO_4^{2-}$$

$$\varphi^\theta = 0.564V$$

因此，常利用 $KMnO_4$ 的强氧化性，作滴定剂，并可根据水样中被测定物质的性质采用不同的反应条件。

2）高锰酸钾标准溶液的配制与标定。高锰酸钾为暗紫色棱柱状闪光晶体，易溶于水。

$KMnO_4$ 试剂中含有少量 MnO_2 及其他杂质。由于 $KMnO_4$ 的氧化性强，在生产、储存和配制过程中易与还原性物质作用，如蒸馏水中含有的少量有机物质等。因此，$KMnO_4$ 标准溶液不能直接配制。

为了配制较稳定的 $KMnO_4$ 溶液，可称取稍多于计算用量的 $KMnO_4$，溶于一定体积的蒸馏水中，例如，配制 0.1000mol/L [(1/5 $KMnO_4$) = 0.1000mol/L] 的 $KMnO_4$ 溶液时，首先称取 $KMnO_4$ 试剂 3.3～3.5g，用蒸馏水溶解并稀释至 1L。将配好的溶液加热至沸，并保持微沸 1h，然后在暗处放置 2～3d，使溶液中可能存在的还原性物质充分氧化。用微孔玻璃砂芯漏斗过滤除去析出的沉淀。将溶液储存于棕色瓶中，标定后使用。如果需要较稀的 $KMnO_4$ 溶液，则用无机物蒸馏水（在蒸馏水中加少量 $KMnO_4$ 碱性溶液，然后重新蒸馏即得）稀释至所需浓度。

标定 $KMnO_4$ 的基准物质主要有 $Na_2C_2O_4$、$H_2C_2O_4 \cdot 2H_2O$、$(NH_4)_2Fe(SO_4)_2 \cdot 6H_2O$、$As_2O_3$、纯铁丝等。由于 $Na_2C_2O_4$ 易于提纯、稳定、不含结晶水，因此常用 $Na_2C_2O_4$ 作基准物质。$Na_2C_2O_4$ 在 105～110℃烘干 2h，冷却后即可使用。

3）耗氧量及其测定。耗氧量是指 1L 水中的还原性物质

（无机物和有机物）在一定条件下被 $KMnO_4$ 氧化所消耗 $KMnO_4$ 的数量，用 mgO_2/L 表示。较清洁水样的耗氧量测定，通常用酸性 $KMnO_4$ 法。

a. 测定方法及相应反应：酸性条件下，水样加入过量已标定的 $KMnO_4$ 水溶液（C_1，V_1），沸水浴反应 30min；取下趁热加入过量 $Na_2C_2O_4$（C_2，V_2），与剩余的 $KMnO_4$ 反应，紫红色消失；用 $KMnO_4$ 滴定至淡粉色在 0.5min 不消失（C_1，V_1'）。反应式为

$$4MnO_4^- + 5C(有机物) + 12H^+ \xrightarrow{100℃} 5CO_2 \uparrow + 4Mn^{2+} + 6H_2O$$
$$5C_2O_4^{2-} + 2MnO_4^- + 16H^+ \longrightarrow 10CO_2 \uparrow + 2Mn^{2+} + 8H_2O$$

实验现象：有机物多，紫色变淡；有机物少，紫色变化不大。

b. 计算公式：

$$耗氧量（mgO_2/L）= \frac{[C_1(V_1+V_1') - C_2V_2] \times 8 \times 1000}{V_水}$$

式中　C_1——$KMnO_4$ 标准溶液浓度（$1/5\ KMnO_4$），mol/L；

　　　V_1——开始加入 $KMnO_4$ 标准溶液的量，ml；

　　　V_1'——滴定时消耗 $KMnO_4$ 标准溶液的量，ml；

　　　C_2——$Na_2C_2O_4$ 标准溶液浓度（$1/2\ Na_2C_2O_4$），mol/L；

　　　V_2——加入 $Na_2C_2O_4$ 标准溶液的量，ml；

　　　$V_水$——水样的体积，ml；

　　　8——氧的换算系数。

c. 注意事项：

·消除 $[Cl^-]$ 的干扰，加 Ag_2SO_4 沉淀掩蔽。

·加快反应速度措施：增加反应物浓度——$KMnO_4$ 过量；升温——100℃反应，80℃滴定；滴定时加催化剂 Mn^{2+}。

（2）碘量法——水中溶解氧的测定。碘量法是利用 I_2 的氧化性和 I^- 的还原性来进行滴定的水质分析方法。广泛应用于水中余氯、二氧化氯 ClO_2、溶解氧 DO、生物化学需氧量 BOD_5 以及水中有机物和无机还原性物质 [如 S^{2-}、SO_3^{2-}、$S_2O_3^{2-}$、As(Ⅲ)、

Sn^{2+}）的测定。

碘量法的基本反应式如下：

$$I_2 + 2e^- \rightleftharpoons 2I^-$$

$$\varphi_{I_2/I^-}^{\theta} = 0.08V$$

I_2是较弱的氧化剂，只能直接滴定较强的还原剂；I^-是中等强度的还原剂，可以间接测定多种氧化剂，生成的碘用$Na_2S_2O_3$标准溶液滴定。

在酸性条件下，水样中氧化性物质与 KI 作用，定量释放出I_2，以淀粉为指示剂，用 $Na_2S_2O_3$ 滴定至蓝色消失，由 $Na_2S_2O_3$ 消耗量求出水中氧化性物质的量。

反应式如下：

$$[O](氧化性物质) + I^- \longrightarrow I_2$$

$$I_2 + 2S_2O_3^{2-} \longrightarrow 2I^- + S_4O_6^{2-}$$

1）$Na_2S_2O_3$ 标准溶液的配制。$Na_2S_2O_3 \cdot 5H_2O$ 一般含有少量 S、Na_2SO_3、Na_2SO_4、Na_2CO_3、NaCl 等杂质，并容易风化、潮解，因此不能直接配制标准溶液，只能配制成近似浓度的溶液，然后标定。

配制 0.1mol/L $Na_2S_2O_3$ 溶液的方法如下。

称取 $Na_2S_2O_3 \cdot 5H_2O$ 25g，用新煮沸并冷却的蒸馏水溶解，并稀释至 1L，加入约 0.2gNa_2CO_3，储存于棕色试剂瓶中，放在暗处 8～14d 后标定其准确浓度。

配制 $Na_2S_2O_3$ 溶液时，需要用新煮沸冷却了的蒸馏水，以除去水中 CO_2 和杀死细菌，并加入少量 Na_2CO_3，使溶液呈弱碱性，从而抑制细菌的生长。这样配制的溶液才比较稳定，但也不宜长时间保存，使用一段时间后要重新进行标定。如发现溶液变浑或有硫析出，应过滤后再标定，或者另配溶液。

2）$Na_2S_2O_3$ 溶液的标定。标定 $Na_2S_2O_3$ 标准溶液的基准物质有 $K_2Cr_2O_7$、KIO_3、$KBrO_3$ 等，其中最常用的是 $K_2Cr_2O_7$。称取一定量的 $K_2Cr_2O_7$，在弱酸性溶液中，与过量 KI 作用，析出相当量的 I_2，有关反应如下：

$$Cr_2O_7{}^{2-} + 6I^- （过） + 14H^+ \rightleftharpoons 2Cr^{3+} + 3I_2 + 7H_2O$$

以淀粉为指示剂，用 $Na_2S_2O_3$ 溶液滴定至蓝色消失，反应式如下：

$$I_2 + 2S_2O_3{}^{2-} \longrightarrow 2I^- + S_4O_6{}^{2-}$$

$K_2Cr_2O_7$ 与 I_2 的反应条件如下。

a. 溶液的 $[H^+]$ 一般以 0.2～0.4mol/L 为宜。$[H^+]$ 太小，反应速率减慢；$[H^+]$ 太大，I^- 容易被空气中的 O_2 氧化。

b. $K_2Cr_2O_7$ 与 KI 的反应速率较慢，应将盛放溶液的碘量瓶或带玻璃塞的锥形瓶放置在暗处一定时间（5min），待反应完全后，再进行滴定。

c. KI 试剂不应含有 KIO_3 或 I_2，通常 KI 溶液无色，如显黄色，则应事先将 KI 溶液酸化后，加入淀粉指示剂显蓝色，用 Na_2CO_3 滴定至刚好无色后再使用。

滴定至终点，如几分钟后，溶液又出现蓝色，这是由于空气氧化 I^- 所引起的，不影响分析结果，若滴定至终点后，很快又出现蓝色，表示 $K_2Cr_2O_7$ 与 KI 反应未完全，应重新标定。

3）溶解氧及其测定。

a. 溶解氧。溶解于水中的氧称为溶解氧，常以 DO 表示，单位为 mgO_2/L。水中溶解氧的饱和含量与大气压力、水的温度等因素都有密切关系。大气压力减小，溶解氧也减少。温度升高，溶解氧也显著下降。

清洁的地面水在正常情况下，所含溶解氧接近饱和状态。当水中含藻类植物时，由于光合作用而放出氧，可使水中的溶解氧过饱和。相反，如果水体被有机物质污染，则水中所含溶解氧会不断减小。当氧化作用进行得太快，而水体并不能及时从空气中吸收充足的氧来补充氧的消耗时，水体的溶解氧会逐渐降低，甚至趋近于零。此时，厌氧菌繁殖并活跃起来，有机物质发生腐败作用，使水质发臭。废水中溶解氧的含量取决于废水排出前的工艺过程，一般含量较低，差异很大。溶解氧的测定对水体自净作用的研究有着极重要的意义。在水体污染控制和废水生物处理工艺的控制中，溶解氧也是一项重要的水质综合指标。

b. 溶解氧的测定。溶解氧的测定一般采用碘量法。测定时，在水样中加入 $MnSO_4$ 和 $NaOH$ 溶液，水中的 O_2 将 Mn^{2+} 氧化成水合氧化锰 $MnO(OH)_2$ 褐色沉淀，它把水中全部溶解氧都固定在其中，溶解氧越多，沉淀颜色越深。反应式如下：

$$MnSO_4 + NaOH \longrightarrow Mn(OH)_2 \downarrow \text{白色}$$

$$Mn(OH)_2 + 1/2O_2 \longrightarrow MnO(OH)_2 \downarrow (\text{褐色})$$

$MnO(OH)_2$ 在有 I^- 存在时加酸溶解，定量地释放出与溶解氧相当量的 I_2，以淀粉为指示剂，用 $Na_2S_2O_3$ 标准溶液滴定放出的 I_2。反应式如下：

$$MnO(OH)_2 + 4H^+ + 2I^- \Longrightarrow I_2 + Mn^{2+} + 3H_2O$$

$$I_2 + 2S_2O_3^{2-} \Longrightarrow S_4O_6^{2-} + 2I^-$$

溶解氧计算公式：

$$DO(mg/L) = \frac{C \times V \times 8 \times 1000}{V_水}$$

式中　C——$Na_2S_2O_3$ 标准溶液的浓度，mol/L；

　　　V——水样消耗的 $Na_2S_2O_3$ 溶液的用量，ml；

　　　$V_水$——水样的体积，ml；

　　　8——氧的换算系数。

第3章 比色分析法和分光光度法

3.1 比色分析法

1. 概述

许多化合物是有颜色的,例如高锰酸根离子(MnO_4^-)是紫红色,硫氰化铁($FeCNS^{2+}$)配位化合离子是血红色等。当含有这种有色化合物的溶液浓度改变时,溶液颜色的深浅也就随着改变。溶液越浓,颜色越深,因此,可以利用比较和测量溶液颜色的深浅来决定溶液中有色化合物的浓度。

这种利用被测定的组分,在一定条件下与试剂作用产生有色化合物,然后测量有色溶液颜色的深浅并与标准溶液相比较,从而测定组分含量的分析方法,称为比色分析法。

比色分析法是一种广泛应用于测定微量及痕量组分的方法,具有较高的灵敏度。它测定的浓度下限可达 10^{-7} g/ml。如果被测定组分的含量更低($10^{-8} \sim 10^{-9}$ g/ml),可通过浓集、萃取、共沉淀等方法后再用比色法来测定。测定低含量组分时,比色法的相对误差通常为 $1\% \sim 5\%$。由于特效试剂的应用以及比色条件的选择,可以减少分离手续,从而加快测定的速度。此外,测量仪器的不断改进,使测定的准确度也逐步提高。因此,对于某些微量和痕量组分的测定,比色分析法是一种准确、灵敏、快速而又简便的方法。

在比色分析中,干扰离子的影响往往可以根据物质对光吸收的差异性,如选择适当的波长或加入掩蔽剂等方法予以消除。

比色分析法根据的化学反应是显色(或褪色)反应。用于比色的发色反应,必须是生成的有色产物与被测组分之间具有某种定量关系。比色分析法作为一种分析方法,除了要求以发色反应作为基础外，还需要有测量有色产物颜色深度的方法，因此，掌握比色分析必须了解显色反应和测量方法两个方面。

2. 基本原理

（1）有色化合物溶液显色的原理。各种溶液会显示各种不同的颜色，其原因是由于它们对光的吸收具有选择性。

具有同一波长的光线，称为单色光；含有多种波长组合而成的光线称为混合色光。白光实际上是波长在 $400 \sim 750nm$ 的电磁波，即由紫、蓝、青、绿、黄、橙、红等光按一定比例混合而成。例如，黄色光与蓝色光可以混合为白光，这两种光色称为互补色。

当一束白光通过溶液时，如果溶液不吸收该波长范围内的任何光线，则溶液呈透明无色。如果溶液选择吸收了白光中某波段的光，则透射光中除白光外，还有白光中未被吸收的那一部分光，即被吸收的那个波段光的补色光，这就是溶液所呈现的颜色。例如，黄绿色光与红紫色光互补，MnO_4^- 上具选择吸收黄绿色光的特性，因此，高锰酸钾溶液呈紫红色，浓度越大，吸收黄绿色越多，即透射光中紫红色光部分被"补"掉得越少，因而呈现的紫红色也就越深。同理，黄色光与蓝色光互补，铬酸钾（K_4CrO_4）溶液对光中蓝紫色光大量的吸收，因而溶液呈黄色。溶液的颜色与互补光情况见表 3.1.1。

表 3.1.1　　　　　　　　溶液的颜色与互补光

溶液的颜色	互补光的颜色或波长（nm）
绿色带黄	青紫（400～435）
黄	蓝（435～480）
橙红	蓝色带绿（480～490）
红	绿色带蓝（490～500）
紫	绿（500～560）
青紫	绿色带黄（560～580）
蓝	黄（580～595）
蓝色带绿	橙红（595～610）
绿色带蓝	红（610～750）

如果溶液对多种波段的光都有些吸收，那么溶液的颜色也将呈相应于几种被吸收光的补色光的混合色。

如果溶液对白光中各种波长的光，都是相当均匀地吸收，即溶液将呈暗灰色。物质之所以能够选择性地吸收光波，是由其原子、离子或分子的电子结构决定。元素的简单离子生成配位化合离子后常能吸收更多的光能，而使溶液呈现更深的颜色。例如，镍离子（Ni^{2+}）溶液是绿色，三价铁离子（Fe^{3+}）溶液是黄色，二价铁离子（Fe^{2+}）溶液是淡绿色，二价锰离子（Mn^{2+}）溶液是桃红色，三价铬离子（Cr^{3+}）溶液是绿色，二价铜离子（Cu^{2+}）溶液是蓝色；但是，生成配位化合离子后溶液的颜色大大加深，例如，二价镍氨配位化合离子［$Ni(NH_3)_4^{2+}$］溶液是深绿色，二价铜氨配位化合离子［$Cu(NH_3)_4^{2+}$］溶液是深蓝色，高锰酸配位化合离子（MnO_4^-）溶液是深紫红色，铬酸银配位化合离子（CrO_4^{2-}）溶液是深黄色。如此，可以大大提高反应的灵敏度。因此，在比色测定中常常利用生成颜色较深的配位化合离子，而不利用颜色较浅的简单离子。

（2）显示剂的选择和用量。

1）显示剂的选择。为了提高比色测定的灵敏度和准确度，必须选择合适的试剂。在比色分析中生成有色化合物的化学反应主要有氧化还原反应、配位化合物形成反应以及其他反应，其中以配位化合物形成反应应用得最广。常用的试剂大多数是配位剂。

作比色测定的有色配位化合物，应尽可能具备下列三个条件。

a. 有色配位化合物的摩尔消光系数要大。摩尔消光系数越大，比色测定的灵敏度就越高。

b. 有色配位化合物的解离常数要小。有色配位化合物的解离常数越小，配位化合物就越稳定；配位化合物越稳定，比色测定的准确度越高，而且可以避免或减少试样中其他离子的干扰。

c. 有色配位化合物的组成要恒定。用于比色测定的配位化合物最好具有一定的组成。组成发生变化容易引起色调的改变，这是因为有些发色反应本身是分步反应，每一步生成一种有色化合物，这些化合物的色调不尽相同。例如，当 SCN^- 离子的浓度增加时，Fe^{3+} 离子与 SCN^- 离子生成的配位化合物的组成作如下的改变：

$$Fe^{3+} + SCN^- \longrightarrow Fe(SCN)^{2+} \longrightarrow Fe(SCN)_2^+$$
$$\longrightarrow Fe(SCN)_3 \longrightarrow Fe(SCN)_4^- \longrightarrow Fe(SCN)_5^{2-}$$

然而这些配位化合离子的色调各不相同，例如，$Fe(SCN)^{2+}$ 的色调较黄，$Fe(SCN)_2^+$ 则较红。因此，在这里有色化合物的组成和色调都决定于试剂的浓度；试剂的浓度改变就会引起色调的改变，这种情况就很不利于比色测定。

　　2）显色剂的用量。当有色配位化合物稳定度很大，溶液中没有能与被测组分或试剂起作用的干扰物质存在时，显示剂的浓度不必严格控制。

　　如果有色配位化合物的离解常数较大，则部分离解：

$$RX \rightleftharpoons R + X$$
　　（有色络合物）　　　（试剂）　　（被测组分）

　　这时，溶液中部分被测定的组分 X 未被配位化合，这样，有色配位化合物 RX 显示的颜色深度就不能代表真正被测定组分的含量。但在比色分析中未知溶液的颜色深度，通常是与标准溶液的颜色深度相比较而测得。如果两个溶液中有色配位化合物的离解度不同，就会造成误差。反之，如果在不同浓度的有色配位化合物 RX 溶液中，RX 的离解度相同，则仍然可以得到正确的结果。

　　（3）影响显色反应的其他因素。

　　1）酸度对显色的影响。控制显色溶液的酸度是重要的一个条件，例如用铬酸钡比色法测定硫酸盐，在反应时要求偏酸，使铬酸钡沉淀形成 $Ba^{2+} + Cr_2O_8^{2+}$ 而溶解；在过滤时又要求偏碱，使多余的 $BaCrO_3$ 重新形成沉淀。

2）温度对显色的影响。温度对某些显色反应有决定性的作用。例如，用过硫酸铵氧化法测锰，必须煮沸方能显色，但又要控制煮沸的时间。如果加热时间过长，由于溶液浓缩，温度升高，造成过硫酸铵迅速分解完，使溶液褪色。

3）显色时间及溶液颜色的稳定时间。多数显色反应在加入试剂后都要经过一定时间才能呈现稳定的颜色。一般而言，在标准方法中许多项目均列出有颜色的稳定时间。但某些显色反应在实验室的具体环境条件（如室温、阳光等）下，纯水、试剂所含杂质，可影响到颜色不稳定。例如，双硫腙法测铅、汞，可因日光照射而褪色。

4）干扰离子的影响。干扰物可与试剂形成有色物质，或抑制显色剂与待测定组分的显色反应，如当有存在时，可影响双硫腙法测铅，应根据标准方法或有关指导采取除干扰的措施。

（4）朗伯-比尔定律。当一束单色光通过有色溶液时，由于溶液中溶质的原子或分子吸收了一部分光能，光线的强度就要降低，这种现象说明溶液对光的吸收与液层的厚度及入射光度成正比。而根据比尔定律，光线强度的变化与有色溶液浓度的关系是：对于液层厚度一定而浓度不同的溶液，即颜色深浅不同的溶液来说，溶液对光线的吸收与溶液的浓度以及入射光的强度成正比。

综合上述关系，推导得出朗伯-比尔定律的数学表示式为

$$\lg I_0 / I = KCL$$

或

$$I_0 / I = 10^{-KCL}$$

式中　I_0——入射（进入溶液前）的强度；

　　　I——透射光（透过溶液后）的强度；

　　　L——光线通过有色溶液的液层厚度（又称光程或光径）；

　　　C——溶液里有色物质的浓度；

　　　K——常数，对于某种有色物质在一定波长的入射光时，K 为一定值。

如果 L 以厘米、C 以摩尔浓度为单位，则此常数称为摩尔消

光系数。

$\lg I_0/I$ 表示光线通过溶液时被吸收的程度，一般称为"吸光度"或"光密度"，通常以 A 表示，即

$$A=\lg I_0/I=KCL$$

溶液的消光度是与溶液中有色物质的浓度（C）及液层的厚度（L）的乘积成正比例。

注意：朗伯-比尔定律仅适用于单色光。

3. 比色方法

比色分析的方法分为目视比色法和光电比色法。

（1）目视比色法。目视比色法是用肉眼来观测溶液对光的吸收，即观测颜色的深浅，而不是测定其吸光度或光密度。一般是以被测定的溶液与已知浓度的溶液比较，来确定被测组分的含量。目视比色法在应用中常采用标准系列法（又称色阶法）。

用标准系列法进行比色测定时，首先准备一系列已知不同浓度的、组分相同的标准溶液，将这些溶液置于纳氏比色管中至刻度为止，然后将同体积的未知溶液置于另一比色管中。若未知溶液与标准系列中任何一溶液的颜色深度相同（由管口向下注视），则两管中的溶液浓度相等，即两管中所含有色物质的总量相等。如果试液颜色的深浅介于某两个标准溶液之间，则试液的浓度也必介于这两个标准溶液之间，可取两标准溶液浓度的算术平均值作为测定值。

为了减少误差，在制备标准溶液及未知溶液时，必须尽可能地在完全相同的情况下进行，不但方法、步骤相同，试剂的用量也相同，而且最好使用同一试剂中的试剂。

标准系列法的优点如下：

1）比色管很长，很浅的溶液也易于观察。

2）一旦标准系列配好后，对分析多个同类样品时，甚为方便。

3）使用的仪器简单经济。

4）溶液即使不严格符合比尔定律，也影响不大。

其主要缺点如下：

1）配制标准系列时，浪费时间。

2）许多有色物质常常不大稳定，标准系列溶液不能长时间保存。

为了弥补上述两个缺点，常用各种物质制成永久性的标准颜色，以替代标准溶液的颜色。永久性标准颜色分为液体的和固体的两种。

液体标准颜色，一般由混合不同量的、稳定的、两个或两个以上的有色无机盐溶液制成。该套液体的颜色，完全模仿某一系列标准溶液的颜色，因而可以代替标准溶液作为比色的标准。必须注意，标准颜色与它们所代替的那一系列的标准溶液的颜色相同，但成分完全不同。由于一两种物质的成分不同，对于不同光波的吸收性能就有差异。不同的照明情况，将产生不同的结果。因此，比色时照明的情况，必须予以实验，而且一经确定后则不宜变动。

固体的标准颜色，可利用各种颜色的玻璃片或颜色纸片等。用固体标准系列测定时准确度不高，因此只适用于准确度要求较低的工作中。

目视比色法的主要缺点是：人的眼睛在观察颜色时，会产生很大的主观误差。由于人对颜色深浅的分辨力较差，而且眼睛在观察有色溶液时很容易疲劳，因此会使观察颜色差别的准确度降低。

（2）光电比色法。光电比色法在 20 世纪 60 年代是应用较广泛的一种分析方法，随着时代的发展逐渐被分光光度法取代，因此这里不作介绍，但将在第 3.2 节中重点介绍分光光度法。

3.2　分光光度法

分光光度法是基于物质对光的选择性吸收而建立起来的分析方法，因此又称为吸光光度法或吸收光谱法。

根据射入光波长范围的不同，分光光度法又分为可见光光度法、紫外分光光度法、红外分光光度法等。分光光度法是水质分析中最常用的分析测定方法之一，它主要应用于测定试样中微量组分的含量，与化学分析法比较它具有如下特点。

（1）灵敏度高。可不经富集直接测定试样中低至 0.00005% 的微量组分。一般情况下，测定浓度的下限也可达 $0.1 \sim 1 \mu g/g$，相当于含量为 $0.001\% \sim 0.0001\%$ 的微量组分。如果对被测组分预先富集，灵敏度还可以提高 $2 \sim 3$ 个数量级。

（2）准确度高。通常分光光度法的相对误差为 $2\% \sim 5\%$，完全能够满足微量组分的测定要求。若采用差示分光光度法，其相对误差甚至可达 0.5%，已接近重量分析和滴定分析的误差水平。相反，滴定分析法或重量分析法却难以完成这些无量组分的测定。

（3）操作简便快捷。分光光度法的仪器设备一般都不复杂，操作简便。如果将试样处理成溶液，一般只经历显色和测量吸光两个步骤，就可得出分析结果。采用高灵敏度、高选择性的显色反应与掩蔽反应结合，一般可不经分离而直接进行测定。

（4）应用范围广。几乎所有的无机离子和有机化合物都可直接或间接地用分光光度法测定。还可用来研究化学反应的机理，例如测定溶液中配合物的组成，测定一些酸碱的离解常数等。目前，分光光度法是广泛用于工农业生产和生物、医学、临床、环保等领域的一种常规分析法。

1. 分光光度法测定原理

（1）溶液对光的选择性吸收。如果将各种单色光，依次通过固定浓度和固定厚度的某一有色溶液，测量该溶液对各种单色光的吸收程度（即吸收光度 A），然后以波长 λ 为横坐标，吸光度为纵坐标作图，所得曲线称为该溶液的光吸收曲线，该曲线能够很准确地描述溶液对不同波长单色光的吸收能力。图 3.2.1 是 4 种浓度 $KMnO_4$ 溶液的光吸收曲线。

从图 3.2.1 中可以看山：

1）$KMnO_4$ 溶液对不同的波长的光的吸收程度不同，对绿色

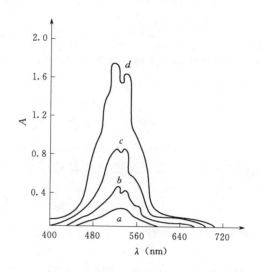

图 3.2.1　KMnO₄ 溶液的光吸收曲线

光区中 525nm 的光吸收程度最大（该波长称为最大吸收波长，以 λ_{max} 或 $\lambda_{最大}$ 表示），所以吸收曲线上有一最大的吸收峰。相反，KMnO₄ 溶液对红色和紫色光基本不吸收，所以 KMnO₄ 溶液呈现紫红色。

2）不同物质吸收曲线形状不同。这一特性可以作为物质定性分析的依据。同一物质的吸收曲线是相似的，并且 λ_{max} 或 $\lambda_{最大}$ 相同。

3）相同物质不同浓度的溶液，在一定波长处吸收光度随浓度增加而增大，因此，d 的浓度最大。

吸收曲线是分光光度法选择测量波长的重要依据，通常选择最大吸收波长的单色光进行比色，因为在此波长的单色光照射下，溶液浓度的微小变化能引起吸光度的较大改变，因而可以提高比色的灵敏度。

（2）朗伯-比尔定律。当一束平行的单色光通过某一溶液时，光的一部分被吸收，一部分透过溶液，设实际入射光的强度为 I_0，透过光的强度为 I，用 T 表示透光率，则 $T = I/I_0$。透光率的负对数称为吸光度，用符号 A 表示。

溶液对光的吸收程度与溶液的浓度、液层的厚度及入射光的波长等因素有关，溶液对单色光的吸收遵守朗伯-比耳（Lambert - Beer）定律，此定律也称为光吸收基本定律。其数学表达式为

$$A = \varepsilon CL$$

A——溶液的吸光度值；

C——溶液中溶质的浓度，mol/L；

L——样品溶液的光程，cm；

ε——摩尔吸光系数，L/(mol·cm)。

朗伯-比耳定律不仅适用于可见光区，也适用于紫外光区和红外光区；不仅适用于溶液，也适用于其他均匀的非散射的吸光物质（包括气体和固体），是各类吸光光度法的定量依据。

2. 分光光度法的定量方法——标准曲线法

根据光的吸收定律，如果液层厚度、入射光波长保持不变，则在一定浓度范围内，所测的吸光度与溶液中待测物质的浓度成正比。先配制一系列已知准确浓度的标准溶液，在选定波长处分别测其吸光度 A，然后以标准溶液的浓度 C 为横坐标，以相应的吸光度 A 为纵坐标，绘制 A—C 关系图，得到一条通过坐标原点的直线，称为标准曲线（图 3.2.2）。在相同条件下测出试样溶液的吸光度，可从标准曲线上查出试样溶液的浓度。

3. 分光光度计及其测定条件的选择

（1）分光光度计的结构。分光光度计的类型很多，按波长范围分为可见分光光度计（300～800nm）、紫外可见分光光度计（200～1000nm）和红外分光光度计（760～400000nm）等。但就其结构来讲，都是由光源、分光系统（单色器）、吸收池（比色皿）、检测器和信号显示系统所组成。

1）光源。根据不同光源一般采用钨灯（320～2500nm 可见光用）、氢灯、氙灯（190～400nm 紫外光用）。

2）分光系统（单色器）。单色器是一种能把复合光分解为按

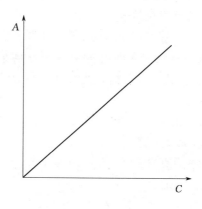

图 3.2.2　标准曲线图

波长的长短顺序排列的单色光的光学装置，包括入射和出射狭缝、透镜和色散元件。色散元件由棱镜和光栅做成，是单色器的关键性部件。

棱镜由玻璃或石英制成，是分光光度计常用的色散元件，复合光通过棱镜时，由于入射光的波长不同，折射率也会不同。故而能将复合光分解为不同波长的单色光。有些分光光度计用光栅作色散元件，其特点是工作波段范围宽，但单色光的强度较弱。

3）吸收池（比色皿）。分光光度计中用来盛放溶液的容器称为吸收池，它是由石英或玻璃制成的，玻璃吸收池只能用于可见光区，石英吸收池可用于可见光区，也可用于紫外光区。吸收池形状一般为长方体，它的规格很多，可根据溶液的多少和吸收情况选用。在测定时，各仪器应选用配套的吸收池，不能混用。吸收池的两光面易损伤，应注意保护。

4）检测器。检测器是一种光电转换元件，它的作用是把透过吸收池后的透射光强度转换成可测量的电信号，分光光度计中常用的检测器有光电池、光电管和光电倍增管 3 种。

a. 光电池。光电池是用某些半导体材料制成的光电转换元件，种类很多，在分光光度计中常用硒光电池，使用光电池应注意防潮、防疲劳。不同的半导体材料，它的感光光波范围也不同，测量红外光谱外缘的光吸收时，应该选用硫化银光电池。

b. 光电管。光电管是由一个阴极与一个阳极构成的真空（或充有少量惰性气体）二极管。阴极是金属做成半圆筒，内表面涂有一层光敏物质（如碱或碱土金属氧化物等）；阳极为金属电极，通常为镍环或镍片。两电极间外加直流电压，当光照射至阴极的光敏物质时，阴极表面就发射出电子，电子被引向阳极而产生。光越强，阴极表面发射的电子就越多，产生的光电流就越大。

c. 光电倍增管。光电倍增管是利用二次电子发射以放大光电流，放大倍数为 $10^4 \sim 10^8$ 倍。光电倍增管的灵敏度比光电管的高约 200 倍，产生电流适于测量十分弱的光，它的阳极上的光敏材料通常用碱金属锑、铋、银等合金。

5）信号显示系统。分光光度计通常用的显示装置有检流计、微安表、电位计、数字电压表、自动记录仪等。早期的分光光度计多采用检流计、微安表作显示装置，直接读出吸光度或透光率。近代的分光光度计多采用数字电压表等显示和用 X—Y 记录仪直接绘出吸收（或透射）曲线，并配有计算机数据处理台。

（2）分光光度计的工作原理。

1）721 型分光光度计。721 型分光光度计是分析实验室常用的一种分光光度计。结构合理，性能稳定，工作波段为 360～800nm，采用光电管作检测器。其内部构造和光路系统如图3.2.3、图 3.2.4 所示。

由光源发出的连续辐射光，经聚光透射镜汇聚后，照射到平面反射镜上并转 90°再通过进光狭缝进入单色器内。狭缝正好位于平面准直镜的焦面上，因此当入射光线经准直镜反射后，就以一束平行光投射到背面镀铝的棱镜上，入射光在镀铝面上反射回来又射出棱镜。这样，经棱镜二次色散之后的光线，再经准直镜的反射汇聚在出光狭缝上，出光和进光狭缝是共轭的。为减少光线通过棱镜后的弯曲而影响单色性，把构成狭缝的两片刀口做成

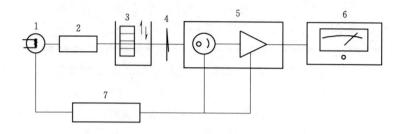

图 3.2.3 721 型分光光度计内部结构图

1—光源；2—单色器；3—比色皿槽；4—光量调节器；

5—光电管暗盒部件；6—微安表；7—稳压电源

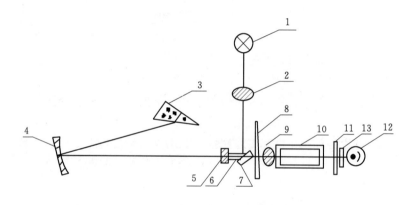

图 3.2.4 721 型分光光度计电路和系统示意图

1—光源灯；2—透镜；3—棱镜；4—准直镜；5、13—保护玻璃；6—狭缝；

7—反射镜；8—光栏；9—聚光透镜；10—比色皿；11—光门；12—光电管

弧形，以便近似地符合谱线的弯曲，保证了仪器具有一定的单色性。转动波长调节器就能改变棱镜角度，从而使不同波长的光通过出光狭缝。从出光狭缝出来的光线经光栅、吸收池和光门投射到光电管上，光电管将光能转变为电能，再经电路放大，最后由微电流表显示出来。

2）721 型分光光度计的操作步骤。

a. 首先检查仪器，电源线路是否接好，放大器与单色器的两个硅胶干燥筒是否受潮变色，如果变色应更换新的硅胶。

　　b. 未送电之前，电表的指针必须在"0"刻度上，如果不在"0"刻度应调整电表上的螺丝予以校正。放大器的灵敏度选择旋钮应放在 1 挡位置。

　　c. 用波长调节旋钮调节至所需的波长。

　　d. 打开电源开关，指示灯亮。打开比色皿箱的盖板，预热 20min，同时用调零电位器把电表指针调至 0 刻度。

　　e. 盖上比色皿箱盖板，用光量调节旋钮把指针调至 100％ 处。如果调不到，把放大器灵敏度选择旋钮放在 2 挡，再调至 100％ 处。

　　f. 把空白或参比溶液放在比色皿槽中的第一格，其余三格依次放入被测溶液。把空白溶液推入光路，盖上比色皿箱盖板，用光量调节器调指针至 100％ 处。再打开盖板，用调零电位器指针调至 0 处。反复调整几次，直至稳定为止。

　　g. 拉动比色皿架的拉杆，依次把被测溶液推入光路，待指针稳定后，读取相应的吸光度值，然后查工作曲线并计算分析结果。

　　h. 测定结束后，取出比色皿，关闭电源，把比色皿清洗干净，放在专用的盒中。盖上仪器的防尘罩。

　　3）751 型分光光度计。751 型分光光度计是在 721 型基础上生产的一种紫外、可见和近红外分光光度计，其工作原理与 721 型相似，而波长范围较宽（200～1000nm），精密度也较高。

　　751 型分光光度计配有两种光源，当波长在 320～1000nm 时用钨丝白炽灯，在 200～320nm 时用氢弧灯；其光电管也有两种，200～650nm 范围内用紫敏光电管，650～1000nm 范围内用红敏光电管。为了防止玻璃对紫外光的吸收，751 型的棱镜、透镜都由石英制成。

　　上述分光光度计和其他类型分光光度计在使用时均需详细阅读仪器使用说明书，并按使用说明书进行操作。

　　（3）测定条件的选择。

1) 显色反应与显色剂。分光光度法只能测定有色溶液。如果被测试样溶液无色，必须加入一种能与被测物质反应生成稳定有色物质的试剂，然后进行测定，这个过程称为显色反应，加入的这种试剂称为显色剂。常见的显色反应可分为两类：一类为形成螯合物的配合反应；另一类为氧化还原反应。应用于分光光度法测定时，显色剂必须具备下列条件。

a. 选择性好。在显色条件下，显色剂尽可能不与溶液中其他共存离子显色，即使显色也须与被测物质的显色产物的吸收峰相隔较远。

b. 灵敏度高。要求显色反应中生成的有色化合物应有较大的摩尔吸光系数。摩尔吸光系数越大，表示显色剂与被测物质生成的有色物质的吸光能力越强，即使被测物质在含量较低的情况下，也能被测出。

c. 生成的有色化合物要有恒定的组成。如有色化合物组成不符合一定的化学式，测定的再现性就较差。

d. 生成的有色化合物的化学性质稳定。至少应保证在测量过程中溶液的吸光度基本不变。

e. 显色剂与有色化合物之间的颜色差别大。一般要求有色化合物的最大吸收波长与显色剂的最大吸收波长之差在 60nm 以上。

2) 显色反应条件。选择反应条件，目的是使待测组分在所选择的反应条件下，能有效地转变为适于光度测定的化合物。显色反应不仅与显色剂有关，而且与显色的条件有关。为了提高测定的灵敏度和准确度，必须选择合适的显色剂用量、溶液酸度，显色时间和温度等。

a. 显色剂用量。在显色反应中一般都加入适当过量的显色剂，以使被测物质尽可能转化为有色化合物，但并非显色剂加得越多越好，显色剂过多，则会发生其他副反应，对测定不利。在实际工作中，应根据实验要求严格控制显色剂的用量。

b. 溶液的酸度。有机显色剂大部分是有机弱酸，溶液的酸度影响显色剂的浓度以及本身的颜色。由于大部分金属离子容易水解，酸度也会影响金属离子的存在状态，进一步还会影响有色化合物的组成和稳定性。因此，应通过试验确定出适当的酸度范围，并在水质分析过程中严格控制。

c. 显色时间。有些显色反应能够迅速完成且颜色稳定；有些显色反应速率较慢，需放置一段时间，颜色才能稳定。因此，应该在显色反应完成后，颜色达到最大深度（即吸光度最大）且稳定的时间范围内进行测定。

d. 显色温度。一般情况下，显色反应多在室温下进行，但有些显色反应需加热到一定温度才能完成。因此，不同显色反应应选择适宜的显色温度，并应注意控制温度。

e. 溶剂。溶剂的不同可能会影响显色时间、有色化合物的离解度和颜色等。在测定时标准溶液和被测溶液应采用同一种溶剂。

3）测定条件的确定。

a. 选择合适的波长。波长对比色分析的灵敏度、准确度和选择性有很大的影响。选择波长的原则是：吸收最多，干扰最小。因为吸光度越大，测定的灵敏度越高，准确度也容易提高；干扰越小时，选择性好，测定的准确度越高。

b. 控制适当的吸光度范围。为了减小测量误差，一般应使被测溶液的吸光度 A 处在 $0.1 \sim 0.7$ 为宜，为此可通过调节溶液的浓度和选择不同厚度的吸收池来达到此要求。

c. 选择适宜的参比溶液。参比溶液也称空白溶液。在测定吸光度时，利用参比溶液调节仪器的零点，不仅可以消除由吸收池和溶剂对入射光的反射和吸收所带来的误差，而且能够提高测定的抗干扰能力。

3.3　分光光度法在水质分析中的应用

1. 水中氨氮的测定

（1）氨氮测定的意义。水中的氨氮只以 NH_3 和 NH_4^+ 形式存在的氮，当酸性较强时，主要以 NH_4^+ 存在，反之，则以 NH_3 存在。焦化厂、合成氨化肥厂等产生的工业废水、农用排放水以及生活污水中所含的含氮有机物受到水中微生物的分解作用后，逐渐变成较简单的化合物，即由蛋白性物质分解成肽、氨基酸等，最后产生氨。

水中氮的来源很多，但以含氮有机化合物被微生物氧化分解为主。在发生生物化学反应的过程中，含氮有机化合物不断减少；而含无机氮化合物逐渐增加。若无氧存在，氨即为最终产物。有氧存在，氨继续分解并被微生物转变成亚硝酸盐（NO_2^-），硝酸盐（NO_3^-），此作用称为消化作用。这时，含氮有机化合物显然已由复杂的有机物转变为无机性硝酸盐，含氮有机化合物完成了"无机化"作用。

在水质分析中，通过测定各类含氮化合物，可推测水体被污染的情况及当前的分解趋势。水体的自净作用包括含氮有机化合物逐渐转变为氨、亚硝酸盐和硝酸盐的过程。这种变化进行时，水中的致病细菌也逐渐消除，所以测定各类含氮化合物，有助于了解水体的自净情况。如果水中主要含有机氮和氨氮，可认为此水最近受到污染，有严重危险。水中氮的大部分如以硝酸盐的形式存在，则可认为污染已久，对于卫生影响不大或几乎无影响。通常，地面水中硝酸盐氮为 0.1～1.0mg/L。

（2）分析方法。水中氨氮的测定常采用纳氏试剂光度法。氨与碘化汞钾的碱性溶液（纳氏试剂）反应，生成淡黄到棕色的配合物碘化氨基合氧汞（$[Hg_2ONH_2]I$），选用 410～425nm 波段进行测定，测出吸光度，由标准曲线法，求出水中氨氮的含量。本法的最低的检出限为 0.25mg/L，测定上限为 2mg/L。颜色深浅与氨氮含量成正比，若氨含量小时，呈淡黄色，相反，则生成红棕色沉淀。反应式如下：

$$NH_3 + 2K_2HgI_4 + 3KOH \longrightarrow [Hg_2ONH_2]I + 7KI + 2H_2O$$
$$\text{黄棕色}$$

可根据配合物颜色的深浅粗略估计氨氮含量。

水样浑浊可用滤纸过滤。少量 Ca^{2+}、Mg^{2+}、Fe^{3+} 等离子可用酒石酸钾钠或 EDTA 掩蔽。当干扰较多、氨氮含量较少时，应采用蒸馏法，氨从碱性溶液中呈气态逸出，但操作麻烦，精密度和准确度较差。

纳氏试剂对氨的反应很灵敏，本法的最低的检出限为 0.25mg/L，测定上限为 2mg/L。

当水样（如污水）中氨氮含量大于 5mg/L 时，可采用蒸馏-酸滴定法进行测定。

2. 水中亚硝酸盐氮的测定

（1）测定的意义。亚硝酸盐（$NO_3^- - N$）是氮循环的中间产物，不稳定，在有氧的条件下，可被微生物氧化成硝酸盐，在缺氧的条件下，也可被还原成氨。亚硝酸盐可使人体正常的血红蛋白氧化成高铁血红蛋白，而失去血红蛋白在体内输送氧的能力。亚硝酸盐还容易生成具有致癌性的亚硝酸胺类物质。

水中硝酸盐的存在，表示有机物的分解过程还没有达到最后阶段。若水中硝酸盐的含量很高，氨氮含量低时，则亚硝酸盐的少量存在并无任何重要性；反之，若硝酸盐的含量低，氨氮含量较高，如发现亚硝酸盐就应引起注意，一般认为水中亚硝酸盐含量较高，就需要加以重视。

（2）分析方法。水中亚硝酸盐的测定方法通常采用重氮-偶联反应，使之生成紫红色染料，方法灵敏，选择性强。所用的重氮和偶联试剂是对氨基苯磺酰胺和 α-萘酚。

在酸性条件下，亚硝酸盐氮与氨基苯磺酰胺反应，生成重氮盐，再与 α-萘酚偶联生成紫红色染料，在 540nm 波长处有最大吸收。

氯胺、氯、硫代硫酸盐，聚磷酸钠和高铁离子有干扰；水样浑浊或有色，可加氢氧化铝悬浮液过滤消除。当水样 pH≥11 时，可加入 1 滴酚酞指示液，用（1+9）的磷酸溶液中和。

测定时取经预处理的水样与 50ml 的比色管中，用水稀释至标线，加入 1.0ml 显色剂，混匀，静止 20min 后，与波长 540nm 处比色。根据标准曲线求出亚硝酸盐的含量。

3. 水中六价铬的测定

铬存在于电镀、冶炼、制革、纺织、制药等工业废水污染的水体中。铬以三价和六价存在于水中，六价铬的毒性比三价铬强，并有致癌的危害。我国规定生活饮用水中，六价铬的含量不得超过 0.05mg/L。

分光光度法测定六价铬，常用二苯碳酰二肼（DPCI）作显色剂。在微酸性条件下（1.0mol/L H_2SO_4）生成紫红色的配合物。其颜色深浅与六价铬的含量成正比，最大吸收波长为 540nm。由标准曲线测出六价铬的含量。

低价汞离子 Hg^+ 和高价汞离子 Hg^{2+} 与 DPCI 作用生成蓝色或蓝紫色配合物，但在本实验所控制的酸度条件下，反应不甚灵敏。铁的浓度大于 1mg/L 时，将与试剂生成黄色化合物而引起干扰，可以通过加入 H_3PO_4 与 Fe^{3+} 配位而消除干扰。五价钒 V^{5+} 与 DPCI 反应生成棕黄色化合物，该化合物很不稳定，在 20min 后颜色会自动褪去，故可不考虑。少量 Cu^{2+}、Ag^+、Au^{3+} 在一定程度上对分析测定有干扰。钼低于 100mg/L 时不干扰测定，还原性物质也不干扰测定。

4. 水中余氯的测定

（1）测定的意义。氯气加入水中后，能起到消毒杀菌的作用。为了使氯气充分与细菌作用，以达到除去水中细菌的目的。所以水经过氯消毒后，还应保留有适当的剩余的氯，以保证持续的杀菌能力，这种适量的剩余的氯称为余氯。余氯又称活性氯。水中的余氯有 3 种形式：①游离性余氯，如 $HOCl$、OCl^- 等；②化合性余氯，如 NH_2Cl、$NHCl_2$、NCl_3 等；③总余氯，如 $HOCl$、OCl^-、NH_2Cl、$NHCl_2$、NCl_3 等。

在水处理的消毒过程中，水中加入的液氯量是由水中多余氯量和余氯存在的形式来决定的。加氯量过少，不能达到完全消毒的目的；加氯量过多，不仅造成浪费，又会使水产生异味，影响水的质量。我国饮用水水质标准规定，在加氯 30min 以后，水中游离余氯不得低于 0.3mg/L，集中式给水除出厂水应符合上述要求外，管网末梢水余氯不得低于 0.05mg/L，这样便可预防水在通过管网输送时可能遇到的污染。

（2）分析方法。自来水的水质分析中，因为水中余氯的含量不高，故常采用分光光度法。

1）二乙基对苯二胺（DPD）分光光度法。本方法规定了 N，N-二乙基对苯二胺（DPD）分光光度法测定生活饮用水及其水源水的总余氯及游离余氯的含量。本方法适用于经氯消毒后的生活饮用水及其水源水的总余氯及游离余氯的测定。它的最低检测质量为 0.1μg，若取 10ml 水样测定，最低检测浓度为 0.1mg/L 余氯。DPD 与水中游离余氯迅速反应而产生红色，在碘化物催化下，一氯胺也能与 DPD 反应显色。在加入 DPD 试剂前加入碘化物时，一部分三氯胺与游离余氯一起显色，通过变换试剂的加入顺序可测得三氯胺的浓度。

2）丁香醛连氮分光光度法。本方法适用于经氯消毒后的生活饮用水及其水源水的总余氯及游离余氯的测定。本方法最低检测质量为 0.44μg，按本方法操作，实际水样量为 8.75ml，最低检测浓度为 0.05mg/L。丁香醛连氮在 pH=6.6 缓冲介质中与水样中游离余氯迅速反应，生成紫红色化合物，于 528nm 波长以分光光度法定量。

5. 水中铁的测定

铁是水中最常见的一种杂质，它在水中的含量极少，对人类健康影响不大。但饮用水含铁量太高会产生苦涩味。国家规定饮用水铁含量不得大于 0.3mg/L。水中含铁量在 1mg/L 左右，就易与空气中的溶解氧作用而产生浑浊现象。

水中铁的测定采用邻二氮菲分光光度法。水样中铁的含量一般都用总铁量来代表。在 pH 值为 2～9 的溶液中，Fe^{2+} 与邻二氮菲生成稳定的橙红色配合物；若 pH$<$2，显色缓慢而颜色浅，最大吸收波长为 510nm。通过测定吸光度，由标准曲线上查出对应 Fe^{2+} 的含量。该方法可测出 0.05mg Fe^{2+}/ml。当铁以 Fe^{3+} 形式存在于溶液中时，可先用还原剂（盐酸羟胺或对苯二酚）将

其还原为 Fe^{2+}。

$$Fe^{3+} + e \longrightarrow Fe^{2+}$$

用邻二氮菲测定时，带颜色的离子及下列元素有干扰，银和铋生成沉淀，一些两价金属如镉、汞、锌与试剂生成稍溶解的配合物。若加入过量试剂，可消除这些离子的干扰。铝、铅、锌、镉的干扰，用加入柠檬酸铵和 EDTA 掩蔽。pH$>$2～9 时，磷酸盐可以存在的浓度为 $20 \times 10^{-6} P_2O_5$；如 pH$>$4.0，500×10^{-6}氟化物没有干扰，少量氯化物和硫酸盐干扰。过氯酸盐含量较多时，生成过氯酸邻二氮菲沉淀。为了尽量减少其他离子的干扰，通常在 pH$=$5 的溶液中显色。

第4章 其他分析方法

4.1 水的微生物分析

微生物是肉眼无法看到的微小生物，通常仅由单个细胞组成，细胞的大小一般只有 $1 \sim 2nm$，其形状可分为球形、棒形、钩形或螺旋形。细菌是水微生物学中最重要的微生物；病毒比细菌小得多，在污水和地表水中也很重要，在某些水中可能由相当数量。病毒也可以转移到人体致病，病毒分析很费时间，也很麻烦，故一般的水生物分析都不作病毒分析。霉菌和酵母菌在地面水中罕见，所以在饮用水的微生物学中不起主要作用。藻类及原生动物的单胞生物也归属于水生微生物，通常用显微镜计数和检测。

1. 水中微生物检测的意义

(1) 细菌总数的检测。水中所含细菌总数的多少，是判定水质被生活废弃物污染程度的指标之一。污染物包括各种污水、垃圾、粪便等。

因为每种细菌独有它一定的生理特性，培养时应用不同的营养条件及其其他胜利条件去满足其要求。而在实际工作中不可能分别的把各种细菌都培养出来。所以，《生活饮用水标准检验方法》（GB/T 5750—2006）中规定的标准检验方法：是指采用平板法以琼脂培养基在一定条件下培养的细菌总数。

(2) 总大肠菌群的检测在饮用水的微生物安全监测中，普遍采用正常的肠道细菌作为粪便污染指标，而不是直接测定肠道致病菌，《生活饮用水标准检验方法》（GB/T 5750—2006）中规定的标准检测方法：是滤膜法和多管发酵法，这两种方法均检测的是指示菌。

（3）粪大肠菌群的检测意义。粪大肠菌群是人与恒温动物肠道中数量最多的杆菌，能在43～45℃发酵糖类、产酸产气，分解色氨酸产生靛基质；枸橼酸盐杆菌和产生杆菌方要存在于自然界中谷类和植物上，在水和土壤中也有，从变温动物肠道中分离的多数为枸橼酸盐杆菌和产气杆菌，在人与动物的肠道中也有发现，但远不如粪大肠杆菌多，在43～45℃不能生长，在水中存活时间比粪大肠杆菌长，仅仅出现产气杆菌或枸橼酸盐杆菌时，就不一定是粪便污染的标志；沛炎杆菌正常存在于人的肠道、呼吸道及水和谷物等处，有时能致发肺炎、胸膜炎、膀胱炎、肾盂肾炎等疾病，在43～45℃不能生长，在外界存活时间也较长。因此，当检出粪大肠菌群时则表示有粪便的最近污染。

2. 细菌总数检测方法（平皿计数法）

细菌总数是指1ml水样在营养琼脂培养基中，于37℃经24h培养后，所生长的细菌落的总数。

（1）应用范围。

1）该法适用于测定饮用水和水源水中的细菌总数。

2）所测定的细菌总数增多说明水被生活废弃物污染，但不能说明污染的来源。因此，必须结合大肠菌群数来判断水污染的来源和安全程度。

（2）仪器。

1）高压蒸汽灭菌器。

2）干热灭菌箱。

3）恒温箱。

4）冰箱。

5）放大镜。

6）试管、平皿（直径9cm）、刻度吸管等，置于干热灭菌箱中160℃灭菌2h。

（3）培养基。

1）成分。

a. 蛋白胨，10g。

b. 牛肉膏，3g。

c. 氯化钠，5g。

d. 琼脂，10~20g。

e. 蒸馏水，100ml。

2）制法。

将上述成分混合后，加热溶解，调整 pH 值为 7.4~7.6，过滤，分装于玻璃容器中，经 121℃灭菌 20min，储存于暗处备用。

（4）检测步骤。

1）生活饮用水的检测步骤。

a. 以无菌操作方法用灭菌吸管吸取 1ml 充分混匀的水样，注入灭菌平皿中，倾注约 15ml 已融化并冷却到 45℃左右的营养琼脂培养基，并立即旋摇平皿，使水样与培养基充分混匀。每次检验时应做一平行接种，同时另用一个平皿只倾注营养琼脂培养基作为空白对照。

b. 待冷却凝固后，翻转平皿，使底面向上，置于 37℃恒温箱。

2）水源水的检测步骤。

a. 以无菌操作方法吸取 1ml 充分混匀的水样，注入盛有 9ml 灭菌水的试管中，混匀成 1∶10 稀释液。

b. 吸取 1∶10 的稀释液 1ml 注入盛有 9ml 灭菌水的试管中，混匀成 1∶100 稀释液。按同法依次稀释 1∶1000、1∶10000 稀释等备用。吸取不同浓度的稀释时必须更换吸管。

c. 用灭菌吸管取 2~3 个适宜浓度的稀释 1ml，分别注入灭菌平皿内。以下操作同生活饮用水的检测步骤。

3）菌落计数及报告方法。作平皿菌落计数时，可用直接观察，必要时用放大镜检查，以防遗漏。在记下各平皿的菌落后，应求出同稀释度的平均菌落数，供下一步计算时应用。在求同稀释度的平均数时，若其中一个平皿有较大片状菌落生产时，则不宜采用，而应以无片状菌落生产的平皿作为该稀释度的平均菌落数。若片状菌落不到平皿的一般，而其余一半中菌落数分布又很不均匀，则可将该半皿计数后乘 2 以代表全皿菌落数。然后再求该稀释度的平均菌落数。各种不同情况的计算方法如下。

a. 首先选择平均菌落数在 30～300 之间者进行计算，当只有一个稀释度的平均菌落数符合该范围时，则即以该平均菌落数乘其稀释倍数报告之（见表 4.1.1 例次 1）。

b. 若有两个稀释度，其平均菌落数均在 30～300 之间，则应按两者菌落总数之比值来决定。若其比值小于 2 应报告两者的平均数，若大于 2 则报告其中较小的菌落总数（见表 4.1.1 例次 2、例次 3）。

c. 若所有稀释度的平均菌落数大于 300，则应按稀释最高的平均菌落数乘以稀释倍数报告之（见表 4.1.1 例次 4）。

d. 若所有稀释度的平均菌落数均小于 30，则应按稀释最低的平均菌落数乘以稀释倍数报告之（见表 4.1.1 例次 5）

e. 若所有稀释度的平均菌落数均不在 30～300 之间，则以最近 300 或 30 的平均菌落数乘以稀释倍数报告之（见表 4.1.1 例次 6）。

f. 菌落计数的报告。菌落数在 100 以内时按实有数报告，大于 100 时，采用两位有效数字，在两位有效数字后面的数值，以四舍五入方法计算，为了缩短数字，后面的零数也可用 10 的指数表示（见表 4.1.1"报告方式"栏）。在报告菌落数为"无法计数"时应注明水样的稀释倍数。

表 4.1.1　　稀释度选择及菌落数报告方式

实例	不同稀释度的平均菌落数			两个稀释度菌落数之比	菌落总数 (CFU/ml)	报告方式 (CFU/ml)
	10^{-1}	10^{-2}	10^{-3}			
1	1365	164	20	—	16400	16000 或 1.6×10^4
2	2760	295	46	1.6	37750	38000 或 3.8×10^4

続表

实例	不同稀释度的平均菌落数			两个稀释度菌落数之比	菌落总数（CFU/ml）	报告方式（CFU/ml）
	10^{-1}	10^{-2}	10^{-3}			
3	2890	271	60	2.2	27100	27000 或 2.7×10^4
4	150	30	8	2	1500	1500 或 1.5×10^3
5	多不可计	1650	513	—	513000	510000 或 5.1×10^5
6	27	11	5	—	270	270 或 2.7×10^2
7	多不可计	305	12	—	30500	31000 或 3.1×10^4

3. 大肠菌群的测定（多管发酵法）

（1）应用范围。本法适用于饮用水、水源水，特别是混浊度含量高的水质中的大肠菌群的测定。水样中总大肠菌群的含量，表明水被粪便污染的程度，而且间接地表明有肠道致病菌存在的可能性。

（2）仪器。显微镜；革兰氏染色用有关器材；其他仪器同细菌总数。

（3）培养基。

1）乳糖蛋白胨培养液。

a. 成分。

· 蛋白胨，10g。

· 牛肉膏，3g。

· 乳糖，5g。

· 氯化钠，5g。

· 1.6％溴化钾乙醇溶液。

· 蒸馏水，1000ml。

b. 制法。将蛋白胨、牛肉膏、乳糖及氯化钠置于1000ml蒸馏水中加热溶解，调整pH值为7.2～7.4。再加入1ml 1.6％溴甲酚紫乙醇溶液，充分混匀，分装于装有倒管的试管中，置高压蒸汽灭菌器中。以115℃灭菌20min，储存于暗处备用。

2）三倍浓缩乳糖蛋白胨培养液。按上述乳糖蛋白胨培养液浓缩三倍配制。

3）品红亚硫酸钠培养基（供多管发酵法用）。

a. 成分。

· 蛋白胨，10g。

· 乳糖，10g。

· 磷酸氢二钾，3.5g。

· 琼脂，15～30g。

· 蒸馏水，1000ml。

· 无水亚硫酸钠，5g 左右。

· 5％碱性品红乙醇基的制备，20ml。

b. 储备培养基的制备。先将琼脂加至 900ml 蒸馏水中，加热溶解，然后加入磷酸氢二钾及蛋白胨，混匀使之溶解，再以蒸馏水补足至 1000ml，调整 pH 值为 7.2～7.4，趁热用脱脂棉或绒布过滤，再加入乳糖，混匀后定量分装与烧瓶内，置高压蒸汽灭菌器中以 115℃灭菌 20min，储存于冷暗处备用。

c. 平皿培养基的配制。将上法制备的储备培养基加热融化，根据烧瓶内培养基的容量，用灭菌吸管按比例吸取一定量的 5％碱性品红乙醇溶液，置于灭菌空试管中。再按比例称取所需无水亚硫酸钠置于另一个灭菌空试管内，加灭菌水少许使其溶解后，置于沸水浴中煮沸 10min 以灭菌。

用灭菌吸管吸取已灭菌的亚硫酸钠溶液，滴加于碱性品红乙醇溶液内至深红色褪成淡粉红色为止。将此亚硫酸与碱性品红的混合液全部加入已融化的储备培养基内，并充分混匀（防止产生气泡），立即将此中培养基适量倾入于已灭菌的空平皿内，待其冷却凝固后置冰箱内备用。该种已制成的培养基于冰箱内保存不宜超过两周时间，如培养基已由淡红色变成深红色，则不能再用。

4）伊红美蓝培养基。

a. 成分。

· 蛋白胨，10g。

- 乳糖，10g。
- 磷酸氢二钾，2g。
- 琼脂，20～30g。
- 蒸馏水，1000ml。
- 2%伊红水溶液，20ml。
- 0.5%美蓝水溶液，13ml。

b. 储备培养基的制备。将琼脂加至 900ml 蒸馏水中，加热溶解，然后加入磷酸氢二钾及蛋白胨，混匀使之溶解，再以蒸馏水补足至 1000ml，调整 pH 值为 7.2～7。趁热用脱脂棉或绒布过滤，再加入乳糖，混匀后定量分装于烧瓶内，置高压蒸汽灭菌器内以 115℃灭菌 20min，储存于冷暗处备用。

c. 平皿培养基的配制。将上法制备的储备培养基加热融化。根据烧瓶内培养基的容量，用灭菌吸管按比例分别吸取一定量已灭菌的 2%伊红溶液及一定量已灭菌的 0.5%美蓝水溶液，加入已融化的储备琼脂内，并充分混匀（防止产生气泡），立即将此种培养基适量倾入已灭菌的空平皿内，待其冷却凝固后置冰箱备用。

（4）检测步骤。

1）初发酵试验。在 2 个各装有已灭菌 50ml 三倍浓缩乳糖蛋白胨培养液的大试管或烧瓶中（内有倒管）内，以无菌操作各加入水样 100ml；在 10 支装有已灭菌 5ml 三倍浓缩乳糖蛋白胨培养的试管中（内有倒管），以无菌操作各加入水样 10ml，混匀后置于 37℃恒温内培养 24h。

2）平板分离。经培养 24h 后，将产酸产气及只产酸的发酵管，分别接种与品红亚硫酸钠培养基或伊红美蓝培养基上，再置于 37℃恒温内培养 18～24h，挑选符合下列特征的菌落，取菌落的一小部分进行涂片、革兰氏染色、镜检。

品红亚硫酸钠培养基上的菌落：紫红色，具有金属光泽的菌落；深红色，不带或略带金属光泽的菌落；淡红色，中心色较深的菌落；伊红美蓝培养基上的菌落；深紫黑色，具有金属光泽的菌落；紫黑色，不带或略带金属光泽的菌落；淡紫红色，中心色较深的菌落。

3）复发酵试验。上述涂片镜检的菌落如为革兰氏阴性无芽孢杆菌，则挑取该菌落的另一部分再接种于普通浓度乳糖蛋白胨培养液中（内有倒管）；每管可接种分离自同一初发酵管的最典型的菌落1～3个，然后置于37℃恒温箱中培养24h，有产酸气者（不论倒管内气体有多少皆按产酸产气论），即证实有总大肠菌群存在。

4）根据证实有总大肠菌群存在的阳性管（瓶）数查表4.1.2，报告每升水样中的总大肠菌群。

表 4.1.2　　　　　总大肠菌群数检数表

[接种水样总量 300ml（2 份 100ml，10 份 10ml）]

100ml 水量的阳性管（瓶）数	0	1	2
10ml 水量的阳性管数	每升水样中总大肠菌群数	每升水样中总大肠菌群数	每升水样中总大肠菌群数
0	3	4	11
1	3	8	18
2	7	13	27
3	11	18	38
4	14	24	52
5	18	30	70
6	22	36	92
7	27	43	120
8	31	51	161
9	36	60	230
10	40	69	>230

4.2　电位分析法

在被测溶液中插入指示电极与参比电极，通过测量两电极间电位差而测定溶液中某组分含量的方法称电位分析法。直接电位法就是电位分析法的一种。

直接电位法是根据指示电极与参比电极间的电位差与被测离子浓度间的函数关系直接测出该离子的浓度。玻璃电极法测定溶液 pH 值就是典型例子。

电位分析法中，必须准确测定电极的电位，根据测得电位，求出待测离子浓度。但是单个电极的电位是无法测量的，必须再加一个已知电极电位的电极作参比，测量两个电极间的电位差，从而求出待测电极的电位。这样我们把能指示被测离子浓度变化的电极称为指示电极，把另一个不受被测离子影响、电位基本恒定的电极称为参比电极。下面分别介绍几种指示电极和参比电极。

（1）指示电极。

1）金属电极。当金属插入含有该金属离子的溶液中时，即形成金属电极，它的电位与金属离子浓度有关，其电位值符合能斯特方程。这类电极中最常用的是银电极，它可作为银量滴定法的指示电极，其电极电位 $E = E_o + 0.0591 \lg [Ag^+]$，它可与甘汞电极一起指示银量滴定法的终点。

2）离子选择电极。离子选择电极是近年来发展起来的新型指示电极，它的品种繁多，响应机理也各异，但都有一个共同的部分，即离子敏感膜。

3）玻璃电极。玻璃电极是固体膜电极的一种，它的玻璃膜对溶液中的 H^+ 有选择性响应，因此可用来测定溶液中 H^+ 离子浓度，即溶液的 pH 值。

玻璃电极的构造如图 4.2.1 所示。它是一个用特种玻璃吹制成球状的膜电极，厚度约 0.2mm。球的内部插入一根镀有 AgCl 的银丝，银丝浸在 0.1mol/L 盐酸中，构成内参比电极。普通玻璃电极可测 pH＝0～10，若用含锂的玻璃制成电极则可测至 pH－13.5。用玻璃电极测定溶液 pH 值时响应速度快，不污染溶液，缺点是容易破损。

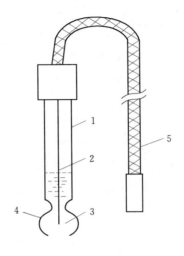

图 4.2.1　玻璃电极

1—玻璃管；2—内参比电极；3—内参比溶液；

4—玻璃薄膜；5—接线

改变玻璃膜的组成，还可制成对 Li^+、Na^+、K^+ 等离子有选择性响应的电极，分别测定溶液中 Li^+、Na^+、K^+ 的浓度。其中应用最广的是铂电极，与钠度计配套，用于测定锅炉水中 Na^+ 离子含量。

4）标准氢电极。氢电极的主体是一个镀有铂黑的铂片，铂片周围通入 0.1MPa 的纯 H_2。这时的电极方应是：$2H^+ + 2e = H_2$ 在 25℃时规定氢电极的电位为零伏，是校正其他指示电极和参比电极的基准。用氢电极作参比电极虽然准确，但操作不方便，实际应用的不多。

（2）参比电极。

1）甘汞电极。甘汞电极是分析中最常用的参比电极。甘汞电极内部有一根铂丝，插入捣成糊状的汞与甘汞内，外部充以饱和氯化钾溶液。这时的电极反应按下式进行。

$$Hg_2Cl_2 + 2e \rightleftharpoons 2Hg + 2Cl^-$$

电极电位取决于溶液中 Cl^- 离子的浓度，只要 Cl^- 的浓度一定，电极电位的数值就是本恒定的。

2）银-氢化银电极。此电极是一个涂有 AgCl 的银丝，浸在
用 AgCl＋e ——→ Ag↓ ＋ Cl⁻ 电极电位也与 Cl⁻ 离子浓度有关。除
了氢电极外，Ag－AgCl 电极的重现性最好，对温度不敏感，可
以在 50℃ 以上使用。

（3）直接电位法测定溶液的 pH 值。

1）pH 计的使用（以 pHS－2 或 pHS－3 型为例）

a. 仪器使用前的准备。新的玻璃电极或长期不用的电极，
使用前要在蒸馏水中浸泡 24h，以使电极表面形成稳定的水
化层。

b. 接通电源，按下 pH 键，预热 30min。

c. 把电极表面的水吸干，浸入 pH＝6.86 的 pH 标准缓冲溶
液中。

d. 使用手动温度补偿时温度补偿方式选择开关置 MTC 位
置，调节温度补偿计补偿的刻度与溶液温度一致。

e. 按下读数开关，调定位器，使读数为该温度下标准缓冲
液的 pH 值。定位完毕，放开读数开关，以后再不要随意旋动定
位器。为使读数准确，可反复定位几次。

f. 把电极提起，用蒸馏水淋洗，吸干，然后浸入待测样品
中，摇几下，使电极平衡。

g. 如果样品的温度与标准缓冲液不一致，则调节温度补偿
器的刻度至样品的温度，然后按下读数开关，读取样品的
pH 值。

h. 测定结束后，关掉电源彻底清洗电极，浸泡在蒸馏水中
以备下次再用。

2）影响 pH 值测定的因素。

a. 温度的影响。温度影响能斯特方程的斜率，所以测定 pH
值时要进行温度补偿。测定样品时最好与定位时的温度一致。

b. 玻璃电极由丁玻璃膜的组成及厚度不均匀，存在着不对
称电位。为消除不对称电位对测定的影响，所以要用 pH 值标准

缓冲液进行定位，而且最好用与被测溶液 pH 值接近的标准缓冲液定位。

c. 标准缓冲溶液是测定 pH 值的基准，因此配制的标准缓冲液必须准确无误。使用时要注意各种标准缓冲液在不同温度下的 pH 值。

d. 玻璃电极有一定的适用性。普通玻璃电极只适用于 pH<10 的溶液，pH>10 时有钠差，是测定结果偏低，用锂玻璃制成的玻璃电极可以测定 pH=14 的强碱性溶液。

e. 离子强度的影响。溶液的离子强度影响离子的活度，因而也影响 H^+ 的有效浓度。测定离子强度较大的样品时，应使用同样离子强度的标准缓冲溶液进行定位，这样可以减少测定误差。

3) 玻璃电极的使用与保养。

a. 玻璃电极的膜很薄，易破碎，使用时要十分小心，不要碰坏。

b. 玻璃电极的表面要保持清洁。如被玷污，可用稀 HCl 或乙醇清洗，最后浸在蒸馏水中。

c. 玻璃电极不要接触能腐蚀玻璃的物质，如 F^-、浓 H_2SO_4、铬酸洗液等，也不要长期浸泡在碱性溶液中。

4.3 浊度法

浊度为水样光学性质的一种表达语，它使光散射和吸收，而不是直线透过水样。它是反映天然水和饮用水的物理性状的一项指标，用以表示水的清澈或浑浊程度，是衡量水质良好程度的重要指标之一。

1. 测定方法概述

随着科学的进步，水的浊度测定手段不断地提高、完善，目前采用的浊度测定仪器有以下 3 种。

(1) 透射式浊度仪（包括分光光度计与目视法）。根据朗伯-比尔定律，以透过光的强度来确定水样的浊度，水样浊度与透光率的负对数呈线性关系，浊度越高，透光率越小。但受到天然水中存在的黄色干扰，湖泊、水库水还因含有藻类等有机吸光物质，对测定也有干扰。选用 680nm 的波长，可避免黄色和绿色的干扰。

（2）散射式浊度仪。根据瑞利（Rayleigh）公式（$I_r/I_o =$ KD，I_r 为散射光强度，I_o 为入射光强度），测定某一角度上的散射光的强度，以达到测定水样浊度的目的。当入射光被粒径为入射波长 $1/15 \sim 1/20$ 的颗粒物所散射，强度符合瑞利公式，粒径大于 $1/2$ 入射光波长的粒子对光进行反射。这两种情况均可用 $I_r \propto D$ 来表示，一般采用 $90°$ 角的光作为特征光束来测定浊度。

（3）散射-透射式浊度仪。应用 $I_r I_t =$ KD 或 $I_r/(I_r + I_t) =$ KD（I_r 为散射光强度，I_t 为透射光强度），测定透射光和反射光的强度之和，来对样品浊度进行测定。因同时测定了透射和散射光的强度，所以在入射光强度相同的情况下具有较高的灵敏度。

在上述 3 种方法中，以散射-透射浊度仪较好，灵敏度高，并且水样中的色度不干扰测定，但由于仪器复杂，价格昂贵，难于在国内推广使用。目视法受主观影响大，国际上测定浊度多采用散射式浊度仪，水的浊度主要由水中泥沙等颗粒物引起，散射光强度比吸收光的强度大，因此散射式浊度仪较透射式浊度仪灵敏度高。且由于散射式浊度仪采用白光为光源，对样品进行测定更接近实际，但色度对测定有干扰。

结合我国的实际情况和水质分析技术与国际接轨的需要，根据供水行业技术进步发展目标的要求，在浊度测定仪器上应有计划地以散射式浊度仪代替透射式浊度仪和比光式浊度仪。

2. 浑浊度标准液

在浊度标准液方面，已经确定以甲肼（福尔马肼）浊度标准液作为我国供水行业测定浊度的标准液并从 1994 年 1 月 1 日起执行。

在浊度测定中，由于硅藻土标准品自身的差异，硅藻土标准与福尔马肼标准间的差异，加之 3 种测定方法间对同一水样测定结果的差异，使结果无可比性。因此在报告测定结果时应加以注明。

NTU—L 度　　福尔马肼，透射测定

NTU—R 度　　福尔马肼，散射测定

STU—L 度　　硅藻土标准，透射测定

STU—R 度　　硅藻土标准，散射测定

关于甲臢浊度标准液的使用等有关问题见《生活饮用法标准检验方法》（GB/T 5750—2006），无论使用何种品牌、规格的散射光浊度仪，请按其说明来操作维护。

4.4　重量（称量）分析法

1. 重量分析法概述

重量分析法通常是用适当的方法将被测组分从试样中分离出来，然后转化为一定的称量形式，最后用称量的方法测定该组分的含量。

重量分析法大多用在无机物的分析中，根据被测组分与其他组分分离的方法不同，重量分析法又可分为沉淀法和气化法等。在水质分析中，一般采用沉淀法。目前在水质分析中常用的重量分析法有：溶解性总固体的测定以及与水处理相关的滤层中含泥量测定和滤料的筛分等。由于这几种方法在测定中其样品前处理的方法比较简单，所以本节内容不作详细的讨论。

2. 重量分析法应用实例——溶解性总固体的测定

（1）应用范围。本法适用于测定生活饮用水及其水源水的溶解性总固体。

（2）原理。水样经过滤后，在一定温度下烘干，所得的固体残渣称为溶解性总固体，包括不易挥发的可溶性盐类。有机物及能通过滤器的不溶解微粒等。

烘干温度一般采用 105±3℃。但 105℃的烘干温度不能彻底除去高矿化度水样中盐类所含的结晶水，采用 108±3℃的烘干温度，可得到较为准确的结果。

当水样的溶解性总固体中含有多量氯化钙、硝酸钙、氯化镁时，由于这些化合物具有强烈的吸潮性使称量不能恒重，此时可在水样中加入适量碳酸钠溶液而得到改进。

（3）仪器。分析天平（感量 1/10000g）。水浴锅，电热恒温干燥箱。瓷蒸发皿（1000ml），干燥剂（硅胶），中速定量滤纸或滤膜（孔径 $0.45\mu m$）及相应滤器。

（4）试剂。1% 碳酸钠溶液：称取 10g 无水碳酸钠（Na_2CO_3）溶于纯水中，稀释至 100ml。

（5）测定步骤。溶解性总固体在 $105\pm3℃$ 烘干。

1）将蒸发器皿洗净，放在 $105\pm3℃$ 烘箱内 30min，取出，放在干燥器内冷却 30min。

2）在分析天平上称其重量，再次烘烤，称量直至恒重，两次称重相差不超过 0.0004g。

3）将水样上清液用滤器滤过，用无分度吸管取振荡均匀的滤过水样 100ml 于蒸发皿内，如果水样的溶解性总固体过少时可增加水样体积。

4）将蒸发皿置于水浴上蒸干（水浴液面不要接触皿底），将蒸发皿移入 $105\pm3℃$ 烘箱内，1h 后取出，放入干燥器内，冷却 30min，称量。

5）将称过重量的蒸发皿再放入 $105\pm3℃$ 烘箱内 30min，再放入干燥器皿内冷却 30min，称量直至恒重。

溶解性总固体在 $180\pm3℃$ 烘干。

按上述步骤将蒸发皿在 $180\pm3℃$ 烘干并称量至恒重。

用无分度吸管吸取 100ml 水样于蒸发皿中，精确加入 25.0ml 1% 碳酸钠溶液于蒸发皿内，混匀，同时做一对只加 25.0ml 1% 碳酸钠溶液的空白。计算水样结果时应减去碳酸钠空白的重量。

（6）计算。

$$C = \frac{(W_2 - W_1) \times 100 \times 1000}{V}$$

式中　　C——水样中溶解性总固体，mg/L；

　　　　W_1——空蒸发皿重量，g；

　　　　W_2——蒸发皿和溶解性总固体重量，g；

　　　　V——水样体积，ml。

4.5　大型仪器分析方法简介

1. 气相色谱法

气相色谱法是 20 世纪 50 年代后迅速发展起来的一种对复杂混合物中各种组分的分离和分析技术。目前已广泛用于石油、化工、医药、卫生、食品、农药及环境监测等领域。

（1）方法原理。当载气把被分析的气态混合物带入装有固定相的色谱柱时，由于各组分分子与固定相分子发生吸附或溶解、离子交换等物理化学过程，使各组分的分子在载气和固定相两相间分配系数不一样，经反复多次分配，不同组分在色谱柱上移动速度不一样，使各组分得到完全分离。

（2）气相色谱的特点。

1）分离效能高。

2）选择性高。

3）灵敏度高。

4）分析速度快。

5）样品用量少。

6）分离和检测能一次完成。

但是气相色谱法的应用有其局限性，即只能测定单一物质的量，不能测定某些同类物的总量；在进行定性和定量分析时，需要被测物的标准品为对照，而标准品往往不易获得，这给定性鉴定带来困难。

（3）色谱图及相关术语。

1）色谱图。当水样中各组分从色谱柱流出进入检测器时，其物质的量变化转变为电信号变化，并被记录器记录下来，得到一系列电信号随时间变化的正态分布的曲线，就是色谱图。对于微分型的检测器，信号近似于正态分布曲线，色谱峰面积正比于组分质量。色谱图是气相色谱法定性、定量的依据，也是衡量仪器好坏的依据。

2）基线。在实验条件下，只有当纯流动相通过检测器时，所得到的信号-时间曲线为基线，理论上是一直线，但在高灵敏度量程时，基线常有一定的噪声和漂移。

噪声：基线在短暂时间内的波动，以波动的峰值表示。噪声大往往和基流高联系在一起。

飘移：基线在一段较长时间（如几十分钟）内缓慢改变。噪声是叠加在飘移上同时表现出来的。

3）色谱峰。当载气带着样品组分经过检测器时，检测器输出的信号随时间变化的曲线为色谱峰。理想的色谱峰为正态分布函数，表示其峰形是对称的。

峰高：色谱峰的最高点到峰底（峰下面基线的延伸部分）的垂直距离，一般常用 h 表示。

半峰高宽度：峰高 1/2 处的宽度，常用单位 cm。

峰底：从峰的起点与终点之间连接的直线。

（4）色谱柱。色谱柱的选择是气相色谱分析的关键环节。

1）填充色谱柱。在柱内装有填料的色谱柱称为填充色谱柱。内径以 2～4mm 为宜，柱径加大将增加纵向扩散，柱效降低，不利于分离。分离高沸点物质一般使用 1～2m 柱长，低沸点物质则以 3～4m 为宜。柱的材料有不锈钢、铜、玻璃和聚四氟乙烯，常用的是玻璃柱。柱型有 U 型和螺旋形。

2）毛细管柱。又称开管柱或空心毛细管柱。内径 0.2～0.5mm。玻璃毛细管柱比较经济，柱效能很高，应用较广泛。但由于其表面存在吸附和催化活性，须经硅烷化等一系列的处理，而且易折断，操作时应特别小心。近年来石英弹性柱的出现完全克服了玻璃毛细管柱的缺点。石英柱在柔性和惰性方面有很大的改进，便于安装，重复性好，目前已广泛用于环境样品有机污染物的分析。

（5）检测器。理想的检测器应具有灵敏度高、噪声低、线形范围宽，且对所测物质都有信号，而对流速和温度变化不敏感的特点。但实际上不存在这种理想的检测器，现将各种检测器作以介绍。

1）氢火焰检测器。适宜于分析环境样品中的碳氢化合物，这种检测器能直接注进水样，但多量水注入会发生灭火，灵敏度下降，基线提高等现象。

2）电子捕获检测器。适宜于检测含有卤素、硝基等电负性基因的被测物。这种检测器灵敏度高，水样需经萃取和脱水后测定。

3）火焰光度检测器。适宜于测定含硫、磷的样品。

无论使用何种检测器，都要保证其清洁防潮，不能沾污有机物。若有沾污，要用有机溶剂清洗。未经净化的载气、氢气、空气，不能输入检测器。老化柱子时，必须将连接检测器的管道断开。当分析污染严重的样品时，分析完毕不能立刻关闭仪器，以免污染物累积或腐蚀电极，造成严重噪声。应提高温度，将杂质清除殆尽后，停止加热，待仪器冷却到室温后再关闭载气。

（6）气相色谱定量方法。前面已经叙述，气相色谱法是一种物理的分离分析的方法。混合物中各组分在色谱柱中得到分离，根据各组分的保留值（调整保留时间、调整保留体积、相对保留时间等）来进行定性；根据各组分的色谱峰面积来定量，不同组分在相同的固定相上保留值不同，同一组分在不同固定相上保留值也不同。但是，化合物种类如此之多，有时在同一固定相上保留值相同的化合物有 n 个。因此，单纯从色谱保留值来定性是困难的，往往需要借助于化学方法、质谱方法和红外光谱方法来帮助定性。

但是，色谱法定量是它的优点，特别是不需要预先分离即能进行多种组分的定量分析是其他方法不能比拟的。

色谱定量方法有校正面积归一化法、内标法和外标法等。

1）校正面积归一化法。校正面积归一化法是色谱定量分析中最常用的一种定量方法。当试样组分全部流出色谱柱并显示色谱峰时，可将测量的各组分的面积乘校正因子，校准为各组分的相应质量，然后归一化，求出各组分的百分含量。

2）内标法。内标法是将已知量的标准物（称为内标物）加入到已知量的试样中，那么内标物在试样中浓度为已知。作色谱分离，内标物和各待测组分同时出峰，将各待测组分的峰面积和内标物的峰面积进行比较，由于内标物在试样中含量已知，那么就可计算出试样中各待测组分的含量。

内标法中要求加入的内标物不与试样中组分发生化学反应，但溶解性好；内标物应在待测组分邻近出峰，但又不产生合峰；应预先测定待测组分和内标物的校正因子。

3）外标法。外标法又分为比较法和标准曲线法。比较法是比较标样和试样的峰面积，在相同的色谱条件下，分别注入相同量的试样和用待测组分配制的标样，测量试样中待测组分的峰面积和标样中该组分的峰面积。当进样量相等，试样和标样组成相同（故密度相同）时，两个峰面积之比等于其含量之比。

外标法对标准溶液的操作条件要严格控制，标准曲线要经常标定；标样和试样的进样量要准确一致；由于相同组分的比较，不需要校正因子，适合测定试样中某 1 个组分。

（7）气相色谱法在水质分析中的应用。随着工业的发展，水中污染物的种类特别是有机污染物日益增多，用化学法测定这些物质是比较困难的，而气相色谱仪是分离和鉴定微量有机污染物的有力工具。近十几年来，采用毛细管色谱与质谱联机进行分离鉴定，电子计算机进行数据处理，使气相色谱法在水质分析中的应用更为广泛。

我国城市供水行业的水质工作者于 20 世纪 70 年代起开始研究、探讨气相色谱在水质分析中的检测方法。《生活饮用水标准检验方法》（GB/T 5750—2006）将氯仿、四氯化碳、滴滴涕、六六六等四项气相色谱检验方法列为标准检验法，已被广泛采用。

2. 液相色谱法

液相色谱法是指流动相为液体的色谱法。虽然液相色谱法的开发已经有数十年的历史，但是，只有当流动相采用高压输送并相应地选用高效的新型固定相之后，液相色谱法的应用才得以飞速发展，人们称之为高效液相色谱（HPLC）。

近年来在环境监测等领域的发展也很快，国内城市供水行业采用高效液相色谱分析法测定水中多环芳烃的应用后，对多环芳烃中的一些致癌、致突变物质，如苯并（a）芘、茶、荧蒽等，采用高效液相色谱仪配置荧光检测器，使这类物质的检测灵敏度大大提高。

（1）高效液相色谱法基本原理。液相色谱法的分离原理和气相色谱法相同。当样品组分随流动相在柱中移动时，由于组分在两相中分配系数、吸附能力、离子交换能力的不同，或分子大小不同引起的排阻作用的差别，经过多次分配平衡，达到完全分离而流出色谱柱。

根据固定相状态和分离机理的不同，液相色谱可分为4类：液-液分配色谱；液-固吸附色谱；离子交换色谱；凝胶渗透色谱。其分类和机理见表 4.5.1。

表 4.5.1　　　　　　　液相色谱法分类

色谱分类	分配色谱	吸附色谱	离子交换色谱	凝胶渗透色谱
移动相	液体	液体	液体	液体
固定相	液体	固体吸附剂	离子交换树脂	多孔性颗粒
分离机理	样品组分在两相中溶解度之差	样品组分在吸附剂表面上吸附之差	样品组分相对于离子交换树脂离子交换能力之差	样品组分进入多孔填充剂的细孔的渗透性差别

按照固定相与流动相极性的相对强弱，液-液分配色谱又可分为两种类型，即正相液相色谱法和反相液相色谱法。

固定相的极性较流动相的极性强的液相色谱称为正相色谱法。由于色谱柱中固定相是极性填料，而流动相是非极性的或弱极性溶剂，因此进行正相洗脱时，试样中极性小的组分先流出色谱柱，而极性大的组分后流出色谱柱。因此，正相色谱常用于分离极性组分的样品。相反，固定相的极性较流动相的极性弱的液体色谱法称为反相色谱法。这种方法中，柱填料为非极性，流动相为极性溶剂，因此，反相洗脱时，试样中极性大的组分先流出色谱柱，极性小的组分后流出色谱柱。因此，反相色谱法常用于分离非极性的样品，由于反相色谱法操作的多变性，可分离的样品种类很多，是目前应用较多的高效液相色谱类型。

（2）高效液相色谱仪及其操作。高效液相色谱仪主要由输液、进样、分离、检测及记录 5 部分组成。

1）输液部分。输液部分主要由输液泵及流动相储存器组成。输液泵时液相色谱仪的关键部件，它起着输送液体流动相的作用。泵应满足以下要求：流量稳定，耐高压，耐腐蚀，操作及维修方便。泵的种类很多，按排液性质可分为恒压泵及恒流泵两大类。恒压泵使运转过程中系统压力保持恒定，盘管泵及气动放大泵均属此类；恒流泵使运转过程中排液量保持恒定，螺旋注射泵和柱塞往复泵及隔膜泵均属恒流泵。目前新型液相色谱仪大都采用柱塞往复泵及隔膜泵。

2）进样阀。液相色谱仪的进样部分，目前采用进样阀和自动进样器。

液相色谱法的进样和气相色谱法的进样不同，因为高效液相色谱的输液压力可高达数十兆帕，采用隔膜注射进样只能用于较低压力，当压力达 10MPa 以上时不能使用。因此，也有在高压下停止输液泵，使柱入口压力变成大气压后进样，然后再开动输液泵，这种操作方式称为停流进样。

采用进样阀进样效果较好，常用的是六通阀，操作时先将六通阀手柄转至采样位置进样口，注入样品环路中，然后转动六通阀，切换到进样位置，样品即被带入色谱柱。自动进样器是采用计算机来控制预先设定的进样程序，是较先进的进样装置。

3）分离系统。液相色谱仪的分离系统主要是色谱柱及其恒温炉箱。色谱柱在上节已经讨论过，不再赘述。柱炉采取循环空气恒温箱，控制的精度为 $\pm 0.1 \sim 0.5℃$。一般恒温箱能同时控制检测器。

4）检测器。色谱柱流出组分通过检测器检出并由记录仪记录其流出曲线。液相色谱仪使用最广泛的检测器有紫外-可见吸光光度检测器（UV）、示差折光检测器（RJ）、荧光检测器（FP）。

3. 原子吸收分光光度法

原子吸收分光光度法是测定基态原子对光辐射能的共振吸收。

由光源发射出某种元素特定波长的光，通过该元素的原子蒸发时，其辐射能被原子蒸气中基态原子吸收，吸收的程度与蒸气中基态原子的数目成正比。通过测量辐射能的减弱程度，从而得出试样中元素的含量。其定量依据光吸收定律，即朗伯-比尔定律。

（1）原子吸收（AAS）的原理。将无机离子高温离解成基态的自由原子，吸收火焰热能或适当波长辐射能变为激发态，很快回到基态并以光的形式放出能量，由基态到第一激发态化的谱线称为共振吸收线。每一种元素在高温作用下，都可以发出一定波长的特征谱线

（2）原子吸收法的特征。优点：可以分析大部分的无机元素（主要指阳离子）。缺点：测定的无机元素必须选择使用与它结构性质完全相同同种元素所发出的射线。

（3）原子吸收分光光度计的组成。原子吸收分光光度计由空心阴极灯、原子化器、单色器和检测系统组成。

（4）定量方法。

1）定量公式（基于朗伯-比尔定律）。

分子光谱： $$A = \varepsilon CL$$

原子光谱： $$A=KNL=KC$$

式中　L——原子蒸气的厚度；

　　　N——基态自由原子的个数；

　　　K——比例常数；

　　　C——被测元素的浓度。

2）分析方法（标准曲线法）。

首先制作标准曲线。以 Fe 元素为例，吸取 0.1ml 的铁标准储备液（1.00ml＝1.00mgFe），置于 10ml 容器瓶中，以 1＋999（V/V）硝酸或 1＋99（V/V）硝酸，与样品酸度保持一致，稀释至刻度，摇匀。吸取上述标准溶液（1.00ml＝10.0µg Fe）0ml，0.10ml，0.30ml，0.50ml 分别置于 10ml 容器瓶中，以 1＋999（V/V）硝酸稀释到刻度，摇匀。则上述标准溶液的浓度分别为 0µg/ml，0.1µg/ml，0.3µg/ml，0.5µg/ml。测定各标准溶液的吸光度，以吸光值为纵坐标，浓度为横坐标，在坐标纸上绘制标准曲线（为一直线）。同时，在相同的试验条件下测定试样溶液的吸光度，直接在标准曲线上查得试样溶液中铁的浓度（也可利用计算器进行回归计算，求出样品中待测元素的浓度）。

4.6　现代分析仪器发展简介

近年来，分析仪器的发展非常迅速，仪器向着体积更加小巧、灵敏度高、多种仪器联用的方向发展。下面简单介绍一些近年发展起来的仪器分析技术。

1. 流动注射分析

（1）流动注射分析简介。流动注射分析（Flow Injection Analysis，FIA）是一种溶液自动处理及分析技术。该技术具有许多优点，例如，仪器简单，可用常规元件自己组装；操作简单，分析速度快；试样和试剂用量少；准确度和精密度好；应用范围广泛，可作为许多仪器分析方法的样品处理和进样手段，可将许多化学操作，如蒸馏、萃取、加试剂、定容显色和测定融为一体，可使操作人员从繁琐的体力劳动中解放出来。

（2）流动注射分析基本原理。最简单的 FIA 系统是由蠕动泵、进样阀、反应盘管、检测器、记录仪等组成。在封闭的管道中，向连续流动的载液间断地注入一定体积的样品溶液，或者由进样阀自动注入一定体积的试液。试剂可由另一管路输入，也可作为载流。试剂和样品在反应盘管中混合并反应，然后流过检测器被检测。在这个系统中管路长度和内径一定，以准确控制泵速、注入样品以及控制试剂组成来获得最佳的重现性。

流动注射技术不仅可作为各种分析仪器的进样手段，也可以进行在线自动稀释，添加化学试样，进行富集分离、而富集分离包括溶剂萃取、离子交换和膜分离技术等等。因此，FIA 与各种分析仪器联用技术是痕量分析的理想工具。在水质在线自动检测系统中也被广泛应用。

2. 联用仪器

液相色谱-质谱的联用已得到广泛应用。液相色谱、等离子发射光谱与质谱的联用也逐步发展起来。

（1）液相色谱-质谱的联用。液相色谱-质谱（LC－MS）联用主要分析 GC－MS 难以分析的物质，难挥发、极性高或热不稳定的化学物质等。近年来，随着对 LC－MS 接口和离子化机理理论化研究的进展，LC－MS 在污水监测中的应用不断扩展。

LC－MS 分析系统由 LC、接口和 MS 3 部分组成，其中 MS 部分与 GC－MS 中的 MS 部分原理相同，是根据被离子化的目标物质的质量-电荷比进行检测和定性的一种手段。

LC 与 MS 接口部分的作用是离子化，离子化方式分汽化法、雾化法和解离法 3 种。汽化法多用于 GS－MS 中。雾化法是使用目标物质经过雾化喷雾过程脱去溶剂并使其离子化的方法，因此，多用于难挥发、热不稳定的化学物质为检测对象的 LC－MS 中。解离法是在含有目标物质在内的液相和固相上急剧施加高能使其离子化的方法。

雾化法包括气体喷雾-离子束法、热喷雾法（TSP）和大气压离子化法（API）。

（2）等离子发射光谱-质谱法（ICP－MS）。等离子发射光谱-质谱法（ICP－MS)近年发展很快，已用于清洁水的基本成分、废水中金属及底质、生物样品多元素的同时测定。其灵敏度、准确度与火焰原子吸收法大体相当，而且效率高，一次进样，可同时测定 10～30 个元素。

ICP－MS 法是以 ICP 为离子化源的质谱分析方法，其灵敏度比 ICP－AES 法高 2～3 个数量级，特别是当测定质量数在 100 以上的元素时，其灵敏度更高，检出限更低。

3. 自动在线监测技术

近代监测技术向自动化发展的趋势非常明显。采用自动监测技术可节约大量人力、物力。自动监测体系由一个中心监测站和若干个固定监测子站组成。子站通常能够长时间无人管理而自行运转。目前已有较为完整的水质自动监测系统。

水质自动监测系统可以自动连续地测定几个项目，做到及时掌握水质变化状况，控制污染物的排放总量，为实施污染物总量控制制度提供技术支持。实施在线监测的多是常规监测项目，如水温、色度、浊度、余氯、溶解度、pH 值、电导、COD、TOC、总磷、氨氮等。

连续流动分析和流动注射分析技术的开发为污水的自动在线监测提供了可能性，此技术除能很好地完成取样、稀释、混合、加试剂等操作外，又能与各种分离、富集技术联用，而且大部分高灵敏度的分析方法都能作为它们的检测手段。

在给水处理厂中一般安装浊度、余氯等在线监测仪器。

4. 快速检测技术

COD、BOD_5 等指标的监测技术已经成熟，但由于检测耗时长，操作繁琐，难以应对突发事故，故人们还在探讨能够快速、简便、省时、省钱的分析仪器。例如快速 COD 测定仪、微生物传感器、快速 BOD_5 测定仪已在应用。

另外，每年都会有突发性污染事故，需要有快速可行的现场监测方法，常用的现场监测手段如下。

（1）便捷式快速仪器法。如 DO 仪、pH 计、便捷式气相色谱仪、便捷式测气仪等。

（2）快速检测管和检测试纸法。如 H_2S 检测管（试纸）、CODcr 快速检测管、重金属检测管等。

附录1 地表水环境质量标准（摘要）

表1　地表水环境质量标准基本项目标准限值　单位：mg/L

序号	标准值分类项目	I类	II类	III类	IV类	V类
1	水温（℃）	人为造成的环境水温变化应限制在： 周平均最大温升≤1 周平均最大温降≥2				
2	pH值（无量纲）	6～9				
3	溶解氧≥	饱和率90%（或7.5）	6	5	3	2
4	高锰酸盐指数≤	2	4	6	10	15
5	化学需氧量（COD）≤	15	15	20	30	40
6	五日生化需氧量（BOD_5）≤	3	3	4	6	10
7	氨氮（NH_3-N）≤	0.15	0.5	1.0	1.5	2.0
8	总磷（以P计）≤	0.02（湖、库0.01）	0.1（湖、库0.025）	0.2（湖、库0.05）	0.3（湖、库0.1）	0.4（湖、库0.2）
9	总氮（湖、库，以N计）≤	0.2	0.5	1.0	1.5	2.0
10	铜≤	0.01	1.0	1.0	1.0	1.0
11	锌≤	0.05	1.0	1.0	2.0	2.0
12	氟化物（以F^-计）≤	1.0	1.0	1.0	1.5	1.5
13	硒≤	0.01	0.01	0.01	0.02	0.02

序号	标准值 分类 项目	I类	II类	III类	IV类	V类
14	砷≤	0.05	0.05	0.05	0.1	0.1
15	汞≤	0.00005	0.00005	0.0001	0.001	0.001
16	镉≤	0.001	0.005	0.005	0.005	0.01
17	铬（六价）≤	0.01	0.05	0.05	0.05	0.1
18	铅≤	0.01	0.01	0.05	0.05	0.1
19	氰化物≤	0.005	0.05	0.2	0.2	0.2
20	挥发酚≤	0.002	0.002	0.005	0.01	0.1
21	石油类≤	0.05	0.05	0.05	0.5	1.0
22	阴离子表面活性剂≤	0.2	0.2	0.2	0.3	0.3
23	硫化物≤	0.05	0.1	0.2	0.5	1.0
24	粪大肠菌群（个/L）≤	200	2000	10000	20000	40000

附录2　生活饮用水标准检验方法
（GB/T 5750—2006）（摘要）

生活饮用水检验规范

前　言

本规范是《生活饮用水水质卫生规范》的配套检验方法。是《生活饮用水标准检验法》（GB/T 5750—1985）的修订版本，本规范与1985年的原版比较作了重大修改。

1　增加了96项新项目，总项目达到138项。新增项目大致可分为四类。

1.1　微量元素。铝、钼、钴、镍、钡、钒、铊采用无火焰原子吸收法；锑用氢化原子吸收法；铍、钛用分光光度法。这些方法都能满足卫生标准要求的灵敏度和准确度。

1.2　非金属元素。硼、硫化物、活性氯和黄磷等项，采用分光光度法为主的分析方法。

1.3　有机化合物。

1.3.1　挥发性有机化合物，又二氯甲烷等项，均采用顶空气项色谱法。

1.3.2　与水亲和的清、醛、胺类等有机化合物，均采用了直接气相色谱法。

1.3.3　非挥发性的有机化合物，先用有机溶剂萃取，然后用气相色谱法或毛细管气相色谱法测定，这里包括苯系物、氯苯类等。

1.3.4　另一类有机化合物，这类化合物如甲醛、石油等项，采用比色法或紫外吸收法。

1.4 微生物。增加了大肠菌群，采用了国际上通用的多管发酵法和氯膜法。

2 原有项目方法的修改和替代。对原有 44 项检验方法中大多数项目都进行了修改或采用新方法替代。浑浊度、硝酸盐、有机卤化物、大肠菌群、碘化物、铜、锌、铅、镉、铁、银、砷、硒、锰、硫酸盐、氯化物、氟化物、苯并比、余氯、新银盐法、催化示波极谱法、石墨炉原子吸收法、氢化物原子吸收法、TMB 比色法（TMB 是一种新型氧化还原剂）、丁香醛连氮分光光度法。

3 总 α 放射性和总 β 放射性。参照国际标准《水质－无盐水中总 α 放射性测量－厚源法》（ISO 9696—1992），《水质－无盐水中总 β 放射性测量－厚源法》（ISO 9696—1992），作了较大修改，保持与国际标准一致。

4 新增的方法经过研制、验证和鉴定，选择比较准确可信、操作简便的方法。

5 按国家法定计量单位规定规范计量单位。当量浓度改以物质的量浓度表示。

正　文

1 总则

2 水样的采集与保存

3 水质分析质量保证

4 色度：铂-钴标准比色法

5 浑浊度：散射法-福尔马肼标准；目视比浊法-福尔马肼标准

6 臭和味：嗅气和尝味法

7 肉眼可见物：直接观察法

8 pH 值：玻璃电极法；标准缓冲溶液比色法

9 总硬度：乙二胺四乙酸二钠滴定法

10 铝：铬天青 S 分光光度法；水杨基荧光酮-氯代十六烷

基吡啶分光光度法；无火焰原子吸收分光光度法

11 铁：原子吸收分光光度法；二氮杂菲分光光度法

12 锰：原子吸收分光光度法；过硫酸铵分光光度法；甲醛肟分光光度法

13 铜：火焰原子吸收分光光度法；无火焰原子吸收分光光度法；二乙基二硫代氨基甲酸钠分光光度法；双乙醛草酰二腙分光光度法

14 锌：原子吸收分光光度法；锌试剂-环己酮分光光度法；双硫腙分光光度法；催化示波极谱法

15 挥发性酚类化合物：4-氨基安替比林氯仿萃取分光光度法；4-氨基安替比林直接分光光度法

16 阴离子合成洗涤剂：亚甲蓝分光光度法；二氮杂菲萃取分光光度法

17 硫酸盐：硫酸钡烧灼称量法；铬酸钡分光光度法（热法）；铬酸钡分光光度法（冷法）；硫酸钡比浊法；离子色谱法

18 氯化物：硝酸银容量法；硝酸汞容量法；离子色谱法

19 溶解性总固体：称量法

20 氟化物：离子选择电极法；氟试剂分光光度法；锆盐茜素比色法；离子色谱法

21 氰化物：异烟酸-吡唑啉酮分光光度法；吡啶-巴比土酸分光光度法；异烟酸-巴比土酸分光光度法

22 砷：二乙氨基二硫代甲酸银分光光度法；锌-硫酸系统新银盐分光光度法；砷斑法；催化示波极谱法；氢化物-原子荧光法

23 硒：二氨基萘荧光法；氢化原子吸收分光光度法；催化示波极谱法；二氨基联苯胺分光光度法；氢化物-原子荧光法

24 汞：冷原子吸收法；双硫腙分光光度法；原子荧光法

25 镉：火焰原子吸收分光光度法；无火焰原子吸收分光光度法；双硫腙分光光度法；催化示波极谱法

26 铬（六价）：二苯碳酰二肼分光光度法

27　铅：火焰原子吸收分光光度法；无火焰原子吸收分光光度法；双硫腙分光光度法；催化示波极谱法

28　银：无火焰原子吸收分光光度法；巯基棉富集-高碘酸甲分光光度法

29　硝酸盐氮：麝香草酚分光光度法；镉柱还原法；紫外分光光度法；离子色谱法

30　氯仿：气相色谱法

31　四氯化碳：气相色谱法

32　苯并（a）芘：纸层析-荧光分光光度法；高效液相色谱法

33　滴滴涕：气相色谱法

34　六六六：气相色谱法

35　细菌总数：平皿计数法

36　总大肠菌数：多管发酵法；滤膜法

37　类大肠菌数：多管发酵法；滤膜法

38　游离余氯：N，N-二乙基对苯二胺（DPD）分光光度法；3，3′，5，5′-四甲基联苯胺比色法；丁香醛连氮分光光度法

39　总 α 放射线：厚源法

40　总 β 放射线：厚源法

41　乙腈：气相色谱法

42　丙烯腈：气相色谱法

43　甲醛：4-氨基-3-联氨-5-巯基-1，2，4，-三氮杂茂（AHMT）　分光光度法

44　乙醛：气相色谱法

45　丙烯醛：气相色谱法

46　三氯乙醛：气相色谱法

47　二氯甲烷：顶空气相色谱法

48　1，2-二氯乙烷：顶空气相色谱法

49　环氧氯丙烷：气相色谱法

50　苯：气相色谱法；顶空气相色谱法

51 甲苯、52 二甲苯、53 乙苯、54 异丙苯、55 氯苯：气相色谱法

56 二氯苯、57 三氯苯、58 四氯苯、59 六氯苯：气相色谱法

60 三硝基甲苯、61 二硝基苯、62 硝基氯苯、63 二硝基氯苯、64 氯乙烯、65 三氯乙烯、65 三氯乙烯：气相色谱法

66 四氯乙烯、68 苯乙烯、69 三乙胺：气相色谱法

67 氯丁二烯：顶空气相色谱法

70 苯胺：气相色谱法；重氮偶合分光光度法

71 丙烯酰胺、72 己内酰胺、73 二硫化碳：气相色谱法

74 邻苯二甲酸二（2-乙基己基）酯：气相色谱法

75 水合肼：对二甲氨基苯甲醛直接分光光度法

76 石油：称量法；紫外分光光度法；荧光光度法；荧光分光度法；非分散红外光度法

84 对硫磷（E-605）、85 甲基对硫磷、86 内吸磷（E-059）、87 马拉硫磷（4049）、88 乐果、89 林丹、90 百菌清：气相色谱法

91 甲萘威：高效液相色谱法；分光光度法

92 溴氰菊酯：气相色谱法；高效液相色谱法

93 四乙基铅：双硫腙比色法

94 钼、95 钴、96 镍、97 钡：无火焰原子吸收分光光度法

98 钛：催化示波极谱法；水杨基荧光酮分光光度法

99 钒：无火焰原子吸收分光光度法

100 锑：氢化原子吸收分光光度法

101 铍：桑色素荧光分光光度法；铝试剂分光光度法

102 铊：无火焰原子吸收分光光度法

103 硼：甲亚胺-H 分光光度法

104 氨氮：纳氏试剂分光光度法；酚盐分光光度法；水杨酸盐分光光度法

105 亚硝酸盐氮：重氮偶合分光光度法

106 耗氧量：酸性高锰酸钾滴定法；碱性高锰酸钾滴定法

107 碘化物：硫酸铈催化分光光度法；高浓度碘化物比色法；高浓度碘化物容量法；气相色谱法

108 氯消毒剂中有效氯测定：碘量法

109 二氧化氯：Ｎ，Ｎ-二乙基对苯二胺硫酸亚铁铵滴定法；碘量法

110 生化需氧量（BOD_5）：容量法

111 电导率：电极法

112 钠：焰原子吸收分光光度法；离子色谱法

（以下均为参考方法）

113 2，4，6-三氯酚；电子捕获-毛细色谱法

114 五氯酚；电子捕获-毛细色谱法

115 亚氯酸盐、116 氯酸盐：碘量法、117 二氯乙酸、118 三氯乙酸、120 灭草松、121 2，4-滴、122 六氯丁二烯、123 1，1，1-三氯乙烷：气相色谱法

119 氯化氰：吡啶-巴比土酸分光光度法

124 甲草胺：高效液相色谱法

125 七氯、126 七氯环氧化物：液液萃取气相色谱法

127 1，1-二氯乙烯、128 1，2-二氯乙烯：吹出捕集气相色谱法

129 溴仿、130 一溴二氯甲烷、131 二溴一氯甲烷、133 1，2-二氯苯、134 1，4-二氯苯：气相色谱法

132 微囊藻毒素：高效液相色谱法

135 一氯胺：Ｎ，Ｎ-二乙基对苯二胺（DPD） 分光光度法

136 锡：分光光度法

137 金属：电感耦合等离子体发射光谱法；电感耦合等离子体/质谱法

138 总有机碳：仪器分析法

附录3 常用元素国际相对原子质量表

元素	符号	相对原子质量	元素	符号	相对原子质量	元素	符号	相对原子质量
银	Ag	107.8682	钆	Gd	157.25	铂	Pt	195.078
铝	Al	26.98154	锗	Ge	72.61	镭	Ra	226.0254
氩	Ar	39.948	氢	H	1.00794	铷	Rb	85.4678
砷	As	74.9216	氦	He	4.00260	铼	Re	186.207
金	Au	196.9665	汞	Hg	200.59	铑	Rh	102.9055
硼	B	10.811	碘	I	126.905	钌	Ru	101.072
钡	Ba	137.33	铟	In	114.82	硫	S	32.066
铍	Be	9.01218	钾	K	39.0983	锑	Sb	121.760
铋	Bi	208.9804	氪	Kr	83.80	钪	Sc	44.95591
溴	Br	79.904	镧	La	138.905	硒	Se	78.963
碳	C	12.011	锂	Li	6.941	硅	Si	28.0855
钙	Ca	40.078	镥	Lu	174.967	钐	Sm	150.36
镉	Cd	112.41	镁	Mg	24.305	锡	Sn	118.710
铈	Ce	140.12	锰	Mn	54.9380	锶	Sr	87.62
氯	Cl	35.453	钼	Mo	95.94	钽	Ta	180.9479
钴	Co	58.9332	氮	N	14.0067	碲	Te	127.60
铬	Cr	51.9961	钠	Na	22.9897	钍	Th	232.0381
铯	Cs	132.9054	钕	Nd	144.24	钛	Ti	47.867
铜	Cu	63.546	氖	Ne	20.1797	铊	Tl	204.383
镝	Dy	162.50	镍	Ni	58.69	铀	U	238.0289
铒	Er	167.26	氧	O	15.9994	钒	V	50.9415
铕	Eu	151.964	磷	P	30.9736	钨	W	183.84
氟	F	18.99843	铅	Pb	207.2	钇	Y	88.90585
铁	Fe	55.845	钯	Pd	106.42	锌	Zn	65.39
镓	Ga	69.723	镨	Pr	140.90765	锆	Zr	91.224

参 考 文 献

[1] 黄君礼. 水分析化学 [M]. 2 版. 北京：中国建筑工业出版社，1997.

[2] 王萍. 水分析技术 [M]. 北京：中国建筑工业出版社，2000.

[3] 中国城镇供水协会. 水质检验 2 [M]. 北京：中国建材工业出版社，2005.

[4] 严煦世. 给水工程 [M]. 4 版. 北京：中国建筑工业出版社，1999.

[5] 中国标准出版社第二编辑室. 中国环境保护标准编——水质分析方法 [M]. 北京：中国标准出版社，2001.

[6] 国家环境保护总局，《水和废水监测分析方法》编委会. 水和废水监测分析方法 [M]. 4 版. 北京：中国环境科学出版社，2002.